二氧化碳氧化丁烯脱氢制丁二烯新型生产工艺及其催化剂技术

闫冰 著

内容提要

本书共 7 章，内容包括绪论、CO_2 氧化丁烯脱氢制丁二烯新工艺的热力学分析、CO_2 氧化丁烯脱氢制丁二烯高效催化剂的开发、CO_2 氧化丁烯脱氢制丁二烯的催化反应机理、CO_2 氧化丁烯脱氢制丁二烯的催化新材料、CO_2 氧化丁烯脱氢制丁二烯新工艺的改进、结论与展望。

本书可作为高等院校化学工艺、工业催化及相关专业师生和科技工作者的专业参考书。

图书在版编目（CIP）数据

二氧化碳氧化丁烯脱氢制丁二烯新型生产工艺及其催化剂技术 / 闫冰著. -- 天津：天津大学出版社，2021.7

ISBN 978-7-5618-6990-1

Ⅰ.①二… Ⅱ.①闫… Ⅲ.①丁二烯－化工生产－生产工艺②丁二烯－催化剂－化工生产 Ⅳ.①TQ221.22 ②TQ426.6

中国版本图书馆CIP数据核字（2021）第137002号

出版发行	天津大学出版社
地　　址	天津市卫津路92号天津大学内（邮编：300072）
电　　话	发行部：022-27403647
网　　址	www.tjupress.com.cn
印　　刷	北京盛通商印快线网络科技有限公司
经　　销	全国各地新华书店
开　　本	185mm×260mm
印　　张	5.75
字　　数	144千
版　　次	2021年7月第1版
印　　次	2021年7月第1次
定　　价	48.00元

凡购本书，如有缺页、倒页、脱页等质量问题，烦请与我社发行部门联系调换

版权所有　　侵权必究

前　言

以 CO_2 为氧化剂的氧化脱氢技术已经广泛应用于乙烷氧化脱氢制乙烯、丙烷氧化脱氢制丙烯、丁烷氧化脱氢制丁烯和乙苯氧化脱氢制苯乙烯等烃类氧化脱氢工艺中。但是，由于产物丁二烯易于聚合形成积炭，造成催化剂失活，外加反应物 CO_2 本身的化学惰性，导致 CO_2 氧化丁烯脱氢制丁二烯的反应难以进行，从而限制了 CO_2 氧化丁烯脱氢制丁二烯新工艺的应用与发展，但也突显出开发高效催化剂的必要性。

基于温室气体 CO_2 的资源化利用以及丁二烯新型生产工艺开发的迫切需求，本书围绕以 CO_2 为氧化剂的丁烯脱氢制丁二烯的新型生产工艺，通过热力学研究，对该反应过程和限度进行了分析；通过实验设计与动力学研究，探索了该反应的反应机理；通过催化剂的设计与催化新材料的应用，开发了多种新型高效催化剂；通过对该新工艺进行改进，进一步提高了催化剂的活性、选择性与稳定性。目前有关以 CO_2 为氧化剂的丁烯氧化脱氢制丁二烯的研究还处于起步阶段，此新型生产技术尚为空白，因此研究 CO_2 氧化丁烯脱氢制丁二烯反应机理，探索高效催化剂的制备技术，对于实现 CO_2 氧化丁烯脱氢制丁二烯新工艺的工业化应用、CO_2 及 C4 烃等含碳资源的高值转化、以 CO_2 为氧化剂的氧化脱氢技术的发展都具有重要意义。

著者领导的课题组以 CO_2 氧化丁烯脱氢制丁二烯新工艺及其高效催化剂的开发为目标，进行了反应热力学、动力学、催化反应机理、催化剂构效关系等研究，取得了本书的主要结论。感谢研究生王璐怡、陈全鑫、窦洪鑫，以及本科生刘以银、王政进行了大量实验工作与数据整理。研究工作得到了基金项目"CO_2 氧化正丁烯脱氢制丁二烯高效铁系复合氧化物催化剂的构筑及机理研究"与"高效催化 CO_2 氧化 1-丁烯脱氢制 1,3-丁二烯"、科研项目"1-丁烯高值转化高效炭材料负载铁基催化剂的构筑"的资助，在此表示感谢。

限于著者水平，书中难免存在一些不足，敬请专家和读者批评指正。

著者
2021 年 5 月

目 录

第1章 绪论 ··· 1
  1.1 研究背景及意义 ·· 1
  1.2 国内外研究现状 ·· 1
  1.3 CO_2 氧化丁烯脱氢制丁二烯新工艺面临的关键科学问题 ················ 6
  1.4 本书主要研究内容 ··· 8

第2章 CO_2 氧化丁烯脱氢制丁二烯新工艺的热力学分析 ···················· 9
  2.1 引言 ··· 9
  2.2 反应体系分析与探究 ·· 9
  2.3 反应限度分析 ··· 12
  2.4 本章小结 ·· 15

第3章 CO_2 氧化丁烯脱氢制丁二烯高效催化剂的开发 ······················ 17
  3.1 引言 ··· 17
  3.2 催化剂表面酸碱位强度与数量的调控及其活性与抗积炭性能的提高 ····· 17
  3.3 催化剂晶格氧流动性的调变及其活性与 CO_2 活化能力的提高 ········· 22
  3.4 催化剂酸性位类型的调变及其活性与选择性的提高 ························· 30
  3.5 活性炭负载 Fe 基催化剂的研究 ·· 34
  3.6 本章小结 ·· 40

第4章 CO_2 氧化丁烯脱氢制丁二烯的催化反应机理 ························· 42
  4.1 引言 ··· 42
  4.2 不同催化剂的催化氧化脱氢性能 ··· 42
  4.3 催化剂中晶格氧的作用 ··· 43
  4.4 反应机理探究 ··· 44
  4.5 动力学研究 ·· 45
  4.6 本章小结 ·· 47

第5章 CO_2 氧化丁烯脱氢制丁二烯的催化新材料 ····························· 48
  5.1 引言 ··· 48
  5.2 规整有序介孔材料在 CO_2 氧化丁烯脱氢反应中的应用 ·················· 48
  5.3 新型炭材料在 CO_2 氧化丁烯脱氢反应中的应用 ··························· 57
  5.4 本章小结 ·· 62

第6章 CO_2 氧化丁烯脱氢制丁二烯新工艺的改进 ····························· 64
  6.1 引言 ··· 64
  6.2 引入水蒸气新工艺的热力学分析 ··· 64

6.3 引入水蒸气新工艺的设计 ·· 67
6.4 引入水蒸气新工艺的反应条件优化及效果 ························ 67
6.5 本章小结 ··· 73
第 7 章 结论与展望 ·· 75
7.1 主要结论 ··· 75
7.2 研究工作展望 ·· 76
参考文献 ··· 77

第1章　绪论

1.1　研究背景及意义

近年来,由于 CO_2 过度排放而引起的全球变暖、海洋酸化等环境问题已经危害全球,因此寻求有效的途径以减少大气中 CO_2 的排放以及将 CO_2 转化为有价值的化学品显得尤为紧迫。其中,利用 CO_2 作为温和氧化剂的生产工艺引起了广大学者的关注。这不仅是因为此工艺可将 CO_2 转化为 CO,从而缓解环境问题,而且因为 CO_2 作为氧化剂与 O_2、NO_2、SO_2 等相比具有更多优点,如价廉易得、毒性低、氧化性弱等。

丁二烯是重要的有机化工原料,大量用于生产聚丁二烯橡胶、丁苯橡胶、苯乙烯-丁二烯-苯乙烯嵌段共聚物(SBS)和丙烯腈-丁二烯-苯乙烯共聚物(ABS),同时它还是制备己二腈、环丁砜、环辛二烯等化学品的中间体,具有较高的应用价值。随着全球经济的发展,丁二烯的市场需求量越来越大。从以往的工艺来看,丁二烯主要由石脑油蒸汽裂解 C4 烃抽提而来。然而,越来越多的天然气和炼厂气轻烃制乙烯、丙烯,以及煤制烯烃的发展,都不利于石脑油蒸汽裂解 C4 烃抽提制丁二烯工艺的发展,从而减少了丁二烯的来源,全球丁二烯将长期处于短缺状态。因此,亟待发展新型的丁二烯制备工艺。

石油炼制和石油化工生产过程中会副产大量的 C4 烃。目前,全球大量的 C4 烃主要用作燃料,以丁烯为例,约 90% 用作燃料,仅 10% 用于化学品市场。如何充分合理地利用这些副产资源进行高附加值产品的开发,已经成为研究热点。以丁烯为反应物、CO_2 为氧化剂进行氧化脱氢反应生产丁二烯[如反应式(1-1)所示],不仅可以实现丁烯的高附加值转化,还可以实现 CO_2 的有效利用。与以 O_2 为氧化剂的传统工艺[如反应式(1-2)所示]相比,除上述 CO_2 作为弱氧化剂所具备的优势以外,CO_2 在氧化脱氢反应中还可发挥稀释剂的作用,减少热点和降低爆炸风险,更符合安全生产要求。

$$CH_2=CH-CH_2CH_3 + CO_2 \longrightarrow CH_2=CH-CH=CH_2 + CO + H_2O \quad (1-1)$$
$$CH_2=CH-CH_2CH_3 + 1/2 O_2 \longrightarrow CH_2=CH-CH=CH_2 + H_2O \quad (1-2)$$

因此,CO_2 氧化丁烯脱氢制丁二烯的研究工作在综合利用含碳资源、保护生态环境等方面具有重大的现实意义和广阔的应用前景。

1.2　国内外研究现状

1.2.1　以 O_2 为氧化剂的丁烯氧化脱氢制丁二烯生产工艺

用于 O_2 氧化丁烯脱氢制丁二烯生产工艺的催化剂主要为复合氧化物催化剂,其中研究最多的有 Bi-Mo 基复合氧化物催化剂和金属铁酸盐复合氧化物催化剂。决定反应性能的主要因素根据催化剂体系的不同而不同。

1. Bi-Mo 基复合氧化物催化剂体系

Jung 等对该体系催化剂进行了系统研究。他们首先考察了钼酸铋晶型对 O_2 氧化丁烯脱氢制丁二烯反应活性的影响,研究发现,与 $\alpha\text{-}Bi_2Mo_3O_{12}$ 和 $\beta\text{-}Bi_2Mo_2O_9$ 相比,$\gamma\text{-}Bi_2MoO_6$ 具有最好的晶格氧流动性,因此表现出最高的催化活性。虽然 $\alpha\text{-}Bi_2Mo_3O_{12}$ 的晶格氧流动性不是最高的,但其表面具有丰富的丁烯吸附位,因而有利于丁烯的活化,并与 $\gamma\text{-}Bi_2MoO_6$ 形成协同效应,表现出优于单纯 $\gamma\text{-}Bi_2MoO_6$ 的催化性能。为了进一步提高纯钼酸铋的催化活性,他们向钼酸铋中引入 Co、Fe、Ni 等过渡金属,制备出多组分钼酸铋催化剂,其中 $Co_9Fe_3BiMo_{12}O_{51}$ 表现出最好的催化性能,其活性高于单纯的 $\gamma\text{-}Bi_2MoO_6$。这是由于多组分钼酸铋具有更好的晶格氧流动性。对于 Bi-Mo 基复合氧化物催化剂体系,晶格氧流动性是决定 O_2 氧化丁烯脱氢制丁二烯反应性能的关键因素。另外,催化剂对丁烯的吸附能力也是影响催化剂活性的重要因素。这些观点随后在 Park 等和浙江大学的 Wan 等对 $BiMoFe_{0.65}P_x$ 氧化物、$BiMoFe_x$ 氧化物、$BiFe_{0.65}Me_{0.05}Mo$(Me = Ni、Co、Zn、Mn、Cu)氧化物、$BiMoLa_x$ 氧化物、$BiMoV_x$ 氧化物和 $BiMoZr_x$ 氧化物的大量研究工作中得到证实。

晶格氧流动性之所以能成为决定 Bi-Mo 基复合氧化物催化剂催化 O_2 氧化丁烯脱氢制丁二烯反应性能的关键因素,是因为在该体系催化剂表面 O_2 氧化丁烯脱氢反应遵循马斯 - 范克雷维伦(Mars-van Krevelen)机理:催化剂中的晶格氧与丁烯反应生成丁二烯和水,与此同时,催化剂被还原形成氧空位;气相中的分子氧再填补催化剂中的氧空位使催化剂复原。

2. 金属铁酸盐复合氧化物催化剂体系

虽然单纯的 $\alpha\text{-}Fe_2O_3$ 即可催化 O_2 氧化丁烯脱氢制丁二烯,但是另一种金属的引入可大大提高其催化性能,如向 $\alpha\text{-}Fe_2O_3$ 中加入贵金属 Pd 可使反应温度由 300 ℃降低到 150 ℃以下。这种金属铁酸盐复合氧化物催化剂表现出优异的催化 O_2 氧化丁烯脱氢反应的性能,其通式可表示为 $Me^{II}Fe_2O_4$,如 $ZnFe_2O_4$、$MgFe_2O_4$、$CoFe_2O_4$、$CuFe_2O_4$ 等。对于该体系催化剂,Lee 等进行了系统研究。他们首先考察了不同二价金属对 $Me^{II}Fe_2O_4$(Me = Zn、Mg、Mn、Ni、Co、Cu)催化能力的影响,得出 $ZnFe_2O_4$ 性能最好的结论,并发现催化剂的反应活性与催化剂的酸性正相关。随后他们通过在 $ZnFe_2O_4$ 中掺杂 $Cs_xH_{3-x}PW_{12}O_{40}$ 杂多酸或对 $ZnFe_2O_4$ 进行硫酸化的方式提高了催化剂的酸性,从而有效提高了催化剂的活性。对于金属铁酸盐复合氧化物催化剂体系,催化剂的酸性是决定 O_2 氧化丁烯脱氢制丁二烯反应性能的关键因素。

如图 1-1 所示,O_2 氧化丁烯脱氢制丁二烯的反应分五步进行:①丁烯吸附在催化剂表面;②催化剂从丁烯中抽取 α-H 原子生成 π- 烯丙基;③催化剂从 π- 烯丙基中抽取一个 H 原子生成丁二烯;④丁二烯脱附;⑤气相中的 O_2 解离填补催化剂中的氧空位以及铁离子重新氧化。催化剂表面酸性位在抽取 α-H 原子时起到重要作用,因此催化剂的酸性是决定该体系催化剂催化 O_2 氧化丁烯脱氢制丁二烯反应性能的关键因素。

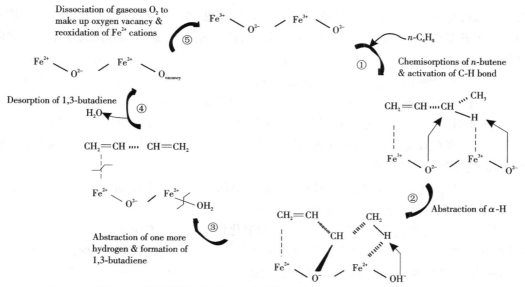

图 1-1　铁酸盐型催化剂表面典型的丁烯氧化脱氢催化反应机理

1.2.2　以 CO_2 为氧化剂的丁烯氧化脱氢制丁二烯生产工艺

早在 20 世纪 90 年代，便有人报道了采用 CO_2 作为氧化剂的乙烷氧化脱氢制乙烯的研究工作，与以 O_2 为氧化剂的传统工艺相比，该工艺可大大提高目标产物的选择性。随后，利用 CO_2 作为氧化剂的低碳烃氧化脱氢工艺引起了广大学者的关注，相继开展的研究工作包括乙烷氧化脱氢制乙烯、丙烷氧化脱氢制丙烯和丁烷氧化脱氢制丁烯等工艺。以 CO_2 氧化丁烷脱氢为例，近些年来的研究进展主要有以下几个方面。

1. CO_2 的作用及催化反应机理

研究者普遍认为 CO_2 在短链烷烃氧化脱氢过程中起着重要作用。Bi 等研究了 CO_2 的加入对 La-Ba-Sm 复合氧化物催化异丁烷氧化脱氢的影响，并通过动力学研究得出 CO_2 氧化异丁烷脱氢的活化能为 12~16 kcal/mol（折合 50~67 kJ/mol），这一值远低于异丁烷脱氢的活化能（32~34 kcal/mol，折合 134~142 kJ/mol）。Ge 等将 V-Mg-O 催化剂应用于正丁烷氧化脱氢反应中，发现 CO_2 的加入同样可促进该反应的进行。Shimada 等发现活性炭负载的铁系催化剂在催化异丁烷氧化脱氢时，与异丁烷单独进料或异丁烷和氩气共同进料相比，CO_2 的加入可促进氧化脱氢反应的进行；并且与异丁烷和氩气共同进料相比，CO_2 的加入还可减少积炭［如反应式（1-3）所示］。

$$C_{coke} + CO_2 \rightleftharpoons 2CO \quad \Delta H_{298}^{\ominus} = 172.42 \text{ kJ/mol} \quad (1\text{-}3)$$

Nakagawa 等利用 UV-Vis 技术对氧化金刚石负载的 Cr_2O_3 和 V_2O_5 催化剂进行表征，结合对其催化性能的研究，他们认为 CO_2 可使 Cr 和 V 处于较高的氧化态，从而利于异丁烷氧化脱氢反应的进行。Ogonowski 等研究了活性炭、SiO_2、γ-Al_2O_3、ZnO 等不同载体负载的 $VMgO_x$ 催化剂对异丁烷氧化脱氢反应的催化性能，结果发现以活性炭为载体的催化剂的催化性能最好,对应的异丁烯收率最高(34.8%);并且发现 CO_2 在氧化脱氢反应中除了上述减少积炭、重新氧化部分被还原的催化剂的作用外,还有移除 H_2 从而解除热力学平衡限制的作用[即 CO_2 参与水气变换反应,催化反应遵循两步路径,如反应式(1-4)、(1-5)所示]。

$$i\text{-}C_4H_{10} \rightleftharpoons i\text{-}C_4H_8 + H_2 \qquad \Delta H_{298}^{\ominus} = 117.28 \text{ kJ/mol} \qquad (1\text{-}4)$$

$$H_2 + CO_2 \rightleftharpoons H_2O + CO \qquad \Delta H_{298}^{\ominus} = 41.13 \text{ kJ/mol} \qquad (1\text{-}5)$$

除了上述两步反应路径,也有研究者认为异丁烯直接通过一步反应生成,如反应式(1-6)所示。在此反应过程中,催化剂表面被异丁烷还原,CO_2 的作用则是通过重新氧化催化剂表面促进脱氢反应的进行。

$$i\text{-}C_4H_{10} + CO_2 \rightleftharpoons i\text{-}C_4H_8 + H_2O + CO \qquad \Delta H_{298}^{\ominus} = 158.41 \text{ kJ/mol} \qquad (1\text{-}6)$$

2. 催化剂晶格氧及表面活性组分形态影响

用于丁烷氧化脱氢反应的催化剂多为金属氧化物,如 FeO_x、$CePO_4$、VO_x、CrO_x 等。金属氧化物中的晶格氧、活性组分的价态以及分散状态对丁烷氧化脱氢反应有着重要影响。Shimada 等研究发现 Fe_3O_4 和 Fe^0 之间的氧化还原循环促进了异丁烷氧化脱氢反应循环的进行。Takita 等考察了 $CePO_4$ 和 $LaPO_4$ 催化异丁烷氧化脱氢反应的性能,认为异丁烷氧化脱氢反应发生在 $CePO_4$ 的晶格氧与异丁烷之间,Ce^{4+} 与 Ce^{3+} 之间的氧化还原循环对反应起到了重要作用。Wang 等研究了 $Pd/V_2O_5\text{-}SiO_2$ 催化异丁烷氧化脱氢反应的性能,结果表明:$Pd/V_2O_5\text{-}SiO_2$ 催化剂中的钒以 V^{5+} 形式存在,活性位为 V^{5+} 在催化剂表面形成的 $V=O$;晶格氧参加了催化反应;催化剂中 V^{5+} 与 V^{4+} 的变化构成了催化反应的氧化还原过程。Botavina 等研究了 CrO_x/SiO_2 催化异丁烷氧化脱氢反应的性能,并通过 UV-Vis 表征分析了 Cr 的存在形式,结果发现催化剂活性与 Cr 的分散性相关。Sun 等考察了不同载体负载的 Cr 系催化剂用于异丁烷氧化脱氢反应的催化性能,结果发现催化剂按活性高低排序为 $CrO_x/MSU\text{-}1 > CrO_x/Al_2O_3 > CrO_x/AC > CrO_x/MgO$,且催化剂含有较多孤立状态的 Cr^{6+} 时催化活性高。Yuan 等研究了 $V_2O_5\text{-}Ce_{0.6}Zr_{0.4}O_2\text{-}Al_2O_3$ 对异丁烷氧化脱氢反应的催化性能,结果发现催化剂活性依赖于 VO_x 的分散性与结晶性。

3. 催化剂表面酸碱性质和氧化还原性能影响

除了上述催化剂中晶格氧、活性组分价态以及分散状态以外,催化剂表面酸碱性质和氧化还原性能对丁烷氧化脱氢反应也有着重要的影响。Takita 等研究了 $CePO_4$ 和 $LaPO_4$ 催化异丁烷氧化脱氢反应的性能,结果发现催化剂表面的酸性位在反应中起到了很大作用。Ogonowski 等研究认为 $VMgO_x$ 催化剂表面呈弱酸性和强碱性有利于 CO_2 活化,因而有利于催化异丁烷氧化脱氢反应。随后,Ding 等通过向 NiO/Al_2O_3 催化剂中添加碱性助剂 K_2O 降低了催化剂的酸性,从而减缓了反应过程中 NiO 的过度还原,抑制了异丁烷裂解及积炭生成等副反应,提高了异丁烯的收率以及催化剂的稳定性。Sun 等发现 Cr 系催化剂表面的碱性位有利于提高催化剂的稳定性。对于正丁烷氧化脱氢反应,催化剂表面酸碱性对催化反应的影响不同。Raju 等的研究结果表明 $VO_x/SnO_2\text{-}ZrO_2$ 催化剂表面中等强度的酸碱位有利于正丁烷氧化脱氢反应的进行。Ajayi 等研究认为 Cr-V/MCM-41 和 Cr-V/ZSM-5 良好的催化正丁烷氧化脱氢反应的性能与催化剂表面酸性正相关。但是 Raju、Ajayi 等的研究结果都表明催化剂良好的氧化还原性能有利于正丁烷氧化脱氢反应的进行。

1.2.3 以 CO_2 为氧化剂的丁烯氧化脱氢制丁二烯生产工艺

2014 年新加坡 Yan 等首次报道了以 CO_2 为氧化剂氧化丁烯脱氢制丁二烯的研究工作。研究初期，Yan 等在活性组分和载体的筛选上做了大量工作，发现过渡金属氧化物 Fe_2O_3 以及具有合适酸性的 γ-Al_2O_3 表现出良好的催化 CO_2 氧化丁烯脱氢的性能。并且二者存在一个最佳配比，即在 Fe_2O_3 负载量为 20%（质量分数，下同）时活性最高，其中丁烯的转化率达 80%，丁二烯的选择性达 27.3%。他们通过程序升温表面反应（TPSR）实验证明了该反应发生遵循两种路径：一步路径和两步路径（如图 1-2 所示）。在一步路径中，丁烯与 CO_2 直接反应生成丁二烯。在两步路径中，丁烯首先发生直接脱氢反应生成丁二烯和 H_2，H_2 和 CO_2 再发生逆水煤气变换反应。

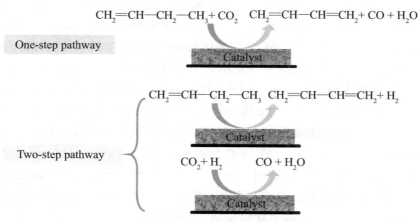

图 1-2　CO_2 氧化丁烯脱氢制丁二烯反应的两种路径

CO_2 自身的热力学稳定性、低反应活性和高氧化态，使得 CO_2 的利用存在障碍。因此，CO_2 参与非均相催化反应的关键是 CO_2 的活化，即无论是上述哪种反应路径，CO_2 的活化都很重要。Yan 等多次在其论文中提到，该反应遵循 Mars-van Krevelen 机理，即催化剂中的晶格氧对整个反应起到了重要作用。但是，这些并没有直接的实验或模拟计算数据支持。

因此，本书作者在 Fe_2O_3/γ-Al_2O_3 催化剂的基础上，通过掺杂与 Fe 原子半径接近的 V、Cr、Mn、Co、Ni、Cu、Zn 等元素的方法调变了催化剂的晶格氧含量及晶格氧流动性，研究了催化剂晶格氧流动性对催化剂性能的影响（详见本书第 3 章 3.3 部分内容），发现催化剂的转换频率（TOF）与其晶格氧流动性线性正相关，催化剂的晶格氧流动性对 CO_2 的活化起到了关键作用，提高了催化剂的活性。其中，同时掺杂 V 和 Cr 元素的 $FeVCrO_x$/γ-Al_2O_3 催化剂表现出最好的催化性能，对应的丁烯转化率为 77%，丁二烯选择性为 39.1%，且 TOF 是 Fe_2O_3/γ-Al_2O_3 催化剂的 3 倍。通过对不同类型的催化剂进行进一步研究，发现该反应是在可提供晶格氧的金属氧化物和可提供 L 酸位的 Al_2O_3 载体的共同作用下进行的，二者缺一不可。基于实验结果，提出了 γ-Al_2O_3 负载的铁基催化剂表面上的催化反应机理（详见本书第 4 章内容）。首先，丁烯在 γ-Al_2O_3 表面的 L 酸位上被吸附并活化。丁烯的 α-H 被

γ-Al$_2$O$_3$ 表面的碱性位抽取并形成碳负离子。然后,另一分子氢被晶格氧抽取,与此同时产生了目标产物丁二烯和水,晶格氧被还原为氧空穴。之后,CO$_2$ 吸附在催化剂的氧空穴上并将其重新氧化为晶格氧,自身则转化为 CO,催化反应在此循环下进行。γ-Al$_2$O$_3$ 载体表面的 L 酸在吸附和活化丁烯时起到重要作用,因此是决定该体系催化剂对 CO$_2$ 氧化丁烯脱氢制丁二烯反应的催化性能的关键因素之一。

2018 年,Yan 等通过采用骨架掺杂 Zn 元素的 MWW 分子筛,进一步提高了该工艺的催化剂水平(丁烯转化率为 80%,丁二烯选择性为 40%)。但是,这与以 O$_2$ 为氧化剂的丁烯氧化脱氢工艺的研究水平(丁烯转化率达 80% 以上,丁二烯选择性达 95% 以上)相比,仍然存在差距。显然,丁二烯选择性低是限制该工艺发展的主要问题。因此,设计与开发具备高选择性的催化剂以及探索催化剂选择性的调控机制对于该工艺的发展十分重要。

另外,催化剂的稳定性也一直是人们关注和研究的重点。由于该反应的产物丁二烯易于聚合形成积炭,因此积炭被认为是造成该体系催化剂失活的重要原因。此外,催化剂的酸中心也可导致积炭。本书作者通过对 Fe$_2$O$_3$/γ-Al$_2$O$_3$ 催化剂进行酸碱改性,定性、定量研究了催化剂酸碱性对催化剂性能的影响,发现催化剂的抗积炭能力随催化剂碱性的增强而提高,但催化剂的稳定性与抗积炭能力并不正相关,这说明积炭并非该体系催化剂失活的唯一原因(详见本书第 3 章 3.1 部分内容)。此观点随后在 Gao 等对 Cr-SiO$_2$ 催化剂的研究工作中得到证实。本书作者设计合成了 Fe 掺杂的规整介孔氧化铝材料(meso-FeAl),将 Fe 元素高度分散并锚定在 Al$_2$O$_3$ 骨架当中,有效提高了催化剂的活性和稳定性(详见本书第 5 章 5.2 部分内容)。通过与负载型的 Fe$_2$O$_3$/meso-Al$_2$O$_3$ 和 Fe$_2$O$_3$/γ-Al$_2$O$_3$ 催化剂比较,得出以下结论:除催化剂积炭以外,反应过程中 Fe$_2$O$_3$ 的团聚也是导致该体系催化剂失活的重要原因之一。因此,可以将活性组分固定下来的有序结构将有利于催化剂稳定性的提高。

目前,以 CO$_2$ 为氧化剂的丁烯氧化脱氢制丁二烯的新工艺,已经引起国内外学者的广泛关注,但在很多方面仍缺乏系统研究。与以 O$_2$ 为氧化剂的丁烯氧化脱氢制丁二烯的传统工艺相比,反应活性低(尤其是选择性低)、稳定性差是该工艺面临的最大问题。工艺发展的核心是催化剂的发展。因此,应从反应机理、催化剂设计、工艺条件优化等多方面入手开展研究工作,以促进 CO$_2$ 氧化丁烯脱氢制丁二烯新工艺的发展,从而早日实现新工艺的工业化应用。

1.3 CO$_2$ 氧化丁烯脱氢制丁二烯新工艺面临的关键科学问题

1.3.1 CO$_2$ 活化机制及催化剂活性的提高

采用温和的氧化剂 CO$_2$ 替代 O$_2$ 进行丁烯氧化脱氢制丁二烯反应,由于 CO$_2$ 具有较高热容,因此可减少热点现象导致的飞温、催化剂失活、丁烯深度氧化等问题,从而提高产物的选择性;由于 CO$_2$ 可参与除焦反应[即布达(Boudart)反应,如反应式(1-7)所示],因此可减少积炭,从而提高催化剂的稳定性;又由于 CO$_2$ 可参与逆水煤气变换反应,因此可有效移除丁烯直接脱氢生成的 H_2，从而促使反应向生成丁二烯的方向进行[如反应式（1-8）、（1-9）所示]。另外，由于 CO_2 的温室效应和全球变暖，大气中 CO_2 浓度的增加已成为全球问题，因此全球 CO_2 的利用是必要的，这不仅有助于降低大气中 CO_2 浓度，而且有助于经济、环境友好地合成高附加值产品，从而实现环境保护和含碳资源的综合利用。

$$C_{coke} + CO_2 \rightleftharpoons 2CO \tag{1-7}$$

$$n\text{-}C_4H_8 \rightleftharpoons C_4H_6 + H_2 \tag{1-8}$$

$$H_2 + CO_2 \rightleftharpoons H_2O + CO \tag{1-9}$$

但是由于 CO_2 自身的低反应活性、高热力学稳定性和高氧化态，CO_2 的利用存在障碍。与 O_2 氧化丁烯脱氢制丁二烯工艺相比，反应活性低是 CO_2 氧化丁烯脱氢制丁二烯工艺面临的最大问题。而 CO_2 参与的非均相催化反应的关键是 CO_2 的活化。因此，从 CO_2 的活化入手进行研究，是解决 CO_2 氧化丁烯脱氢制丁二烯工艺反应活性低的问题的关键。

1.3.2　催化剂失活机制及催化剂稳定性的提高

催化剂稳定性差是 CO_2 氧化丁烯脱氢制丁二烯新工艺面临的难题之一。研究该体系催化剂的失活机制，提高催化剂的稳定性，是该反应体系研究工作中应该重点关注的问题。

研究初期，由于目标产物丁二烯在催化剂的酸中心上易于聚合形成积炭，因此积炭一直被认为是造成该体系催化剂失活的重要原因。然而，在近期相关的研究工作中，发现除催化剂积炭以外，反应过程中活性组分的团聚（即烧结）也是导致该体系催化剂失活的重要原因之一。另外，该反应遵循 Mars-van Krevelen 机理，催化剂在反应过程中会发生氧化还原反应，所以活性组分价态的变化也可能是该体系催化剂失活的原因。基于以上分析，该体系催化剂的失活应该是多种因素综合作用的结果。然而，迄今在催化剂失活方面的研究尚少，对催化剂失活的机理认识不清，这些都制约着高稳定性催化剂的设计与制备，因此开展催化剂失活机理方面的研究有重要理论意义与实际应用价值。

1.3.3　选择性调控机制及催化剂选择性的提高

通过以上分析可知，CO_2 氧化丁烯脱氢制丁二烯新工艺与传统 O_2 氧化丁烯脱氢制丁二烯工艺相比，丁二烯选择性低是制约其发展的最大问题。能开发出具有高选择性的催化剂，是 CO_2 氧化丁烯脱氢制丁二烯工艺发展的关键。

前期，在提高催化剂选择性方面，研究者做出一些努力和尝试，认为提高催化剂的 CO_2 活化能力便可提高其选择性。例如，通过对 $Fe_2O_3/\gamma\text{-}Al_2O_3$ 催化剂进行碱改性，可将其选择性从 27.3% 提高至 28.8%；随后通过提高催化剂的晶格氧流动性，可将其选择性进一步提高至 39.1%。虽然通过对催化剂 CO_2 活化能力的调控确实在一定程度上提高了催化剂的选择性，但是此方法在调控效果上存在局限性且调控机制尚不明确，因此需要研究并探讨催化剂的选择性调控机制，以寻求合适的方法来最大限度地提高催化剂的选择性。

1.4 本书主要研究内容

基于上述领域所关注的关键科学问题，本书从以下几个方面展开了系统研究。

1）CO_2 氧化丁烯脱氢制丁二烯新工艺的热力学分析

本书第 2 章通过热力学研究对 CO_2 氧化丁烯脱氢制丁二烯的反应进行了探究，并计算分析了该工艺的反应限度，同时研究了非催化条件下主副反应的难易情况，从而为该工艺的研究及高效催化剂的设计提供了理论指导。

2）CO_2 氧化丁烯脱氢制丁二烯新工艺高效催化剂的开发

本书第 3 章针对 CO_2 氧化丁烯脱氢制丁二烯新工艺高效催化剂的设计与开发进行了系统性介绍，包括催化剂表面酸碱位强度与数量的调控、催化剂晶格氧流动性的调变、催化剂酸性位类型的调变，在逐步提高催化剂性能的同时，还探究了 Al_2O_3 基催化剂的构效关系。另外，还对以活性炭为载体的新型 Fe 基催化剂进行了研究与探讨。

3）CO_2 氧化丁烯脱氢制丁二烯的催化反应机理

本书第 4 章通过设计实验研究了以 Al_2O_3 为载体的 Fe 基催化剂催化 CO_2 氧化丁烯脱氢制丁二烯的催化反应机理，另外，还对该反应进行了初步的动力学研究。此研究结果可为高效催化剂的设计与开发提供更多理论信息，具有重要的指导意义。

4）CO_2 氧化丁烯脱氢制丁二烯的催化新材料

本书第 5 章介绍了一些热门的催化材料在 CO_2 氧化丁烯脱氢制丁二烯新工艺中的应用，从新材料的角度出发，进行了催化剂的设计与制备，并有效提高了催化剂的性能，这为 CO_2 氧化丁烯脱氢制丁二烯新工艺高效催化剂的开发提供了新思路。

5）CO_2 氧化丁烯脱氢制丁二烯新工艺的改进

本书第 6 章在现有的 CO_2 氧化丁烯脱氢制丁二烯新工艺的基础上进行了工艺的改进，并进行了热力学研究、工艺条件优化，进一步提高了 CO_2 氧化丁烯脱氢制丁二烯新工艺的效果，为该工艺早日实现工业化奠定了基础。

第2章 CO_2氧化丁烯脱氢制丁二烯新工艺的热力学分析

2.1 引言

热力学研究对促进科学研究和指导生产实践无疑具有重要的意义。对于一个新型的合成工艺来说,其热力学研究更是十分必要的。首先,需要采用热力学方法对反应是否能够发生进行判断,若热力学认为不能进行,就不必浪费精力。其次,热力学给出的反应限度是理论上的最高值,只能尽量接近,而绝不可能逾越。因此,本章通过热力学研究对CO_2氧化丁烯脱氢制丁二烯新工艺进行了探究,计算并分析了该工艺的反应限度,同时研究了非催化条件下主副反应的难易情况,从而为新工艺的设计与高效催化剂的开发提供理论指导。

2.2 反应体系分析与探究

2.2.1 反应体系分析

在该反应体系中,以丁烯与CO_2为原料进行催化反应,主反应如反应式(2-1)所示,即在催化剂的作用下CO_2氧化丁烯脱氢反应生成目标产物丁二烯(一步路径)。据报道,主反应还可能是直接脱氢反应[见反应式(2-2)]和逆水煤气变换反应[见反应式(2-3)]的耦合,即丁烯在催化剂的作用下先发生直接脱氢反应生成目标产物丁二烯,反应生成的H_2再与CO_2发生逆水煤气反应(两步路径)。另外,实验室研究表明,主反应发生的最佳温度为873.15 K,在此温度下存在的副反应有裂解反应[见反应式(2-4)]和异构化反应[见反应式(2-5)]。由于裂解反应在整个反应中仅占1%~2%,所以在热力学计算过程中可以忽略裂解反应对其他反应中丁烯分压的影响。

$$1\text{-}C_4H_8 + CO_2 \longrightarrow C_4H_6 + CO + H_2O \qquad (2\text{-}1)$$

$$1\text{-}C_4H_8 \longrightarrow C_4H_6 + H_2 \qquad (2\text{-}2)$$

$$H_2 + CO_2 \longrightarrow CO + H_2O \qquad (2\text{-}3)$$

$$1\text{-}C_4H_8 \longrightarrow CH_4 + CH_3CH_3 + =\!\!= + \diagup\!\!\diagdown \qquad (2\text{-}4)$$

$$1\text{-}C_4H_8 \longrightarrow \diagup\!\!\diagdown + \diagup\!\!\diagup\!\!\diagdown + \curlyvee \qquad (2\text{-}5)$$

2.2.2 热力学数据

在 CO_2 氧化丁烯脱氢制丁二烯的反应中,各物质的标准生成焓[$\Delta_f H_m^\ominus$(298.15 K), kJ/mol]、标准熵[$S_m^\ominus$(298.15 K),J/(mol·K)]与标准生成吉布斯自由能[$\Delta_f G_m^\ominus$(298.15 K),kJ/mol]由文献[53]查得,文献中标准生成焓与标准熵的计算过程采用本森基团贡献法,标准生成吉布斯自由能采用式(2-6)计算。

$$\Delta_f G_m^\ominus(298.15 \text{ K}) = \Delta_f H_m^\ominus(298.15 \text{ K}) - TS_m^\ominus(298.15 \text{ K}) \quad (2\text{-}6)$$

反应中除 H_2 外各物质的定压摩尔热容[$C_{p,m}$,J/(mol·K)]也由该文献查得,其中在 873.15 K 下的定压摩尔热容由 800 K 到 900 K 温度区间对应的数值通过线性内插入方法得到。H_2 的定压摩尔热容采用公式 $C_{p,m} = A + BT + CT^2$ 计算,其中热容系数 $A = 2.88$,$B = 4.347 \times 10^{-3}$,$C = 0.326\,5 \times 10^{-6}$,从而得到 298.15 K 下 $C_{p,m}(H_2) = 28.147$ J/(mol·K),873.15 K 下 $C_{p,m}(H_2) = 30.427$ J/(mol·K)。各物质的基本热力学数据见表 2-1 和表 2-2。

表 2-1 298.15 K 下基本热力学数据

Substance	$\Delta_f H_m^\ominus$[kJ/mol]	$S_m^\ominus$[J/(mol·K)]	$\Delta_f G_m^\ominus$[kJ/mol]
1-Butene	−0.13	305.71	150.74
CO_2	−393.51	213.74	−394.36
H_2O	−241.82	188.83	−228.57
1,3-Butadiene	110.16	278.85	150.74
CO	−110.53	197.67	−137.17
H_2	0	130.68	0

表 2-2 定压摩尔热容数据

Substance	$C_{p,m}$[J/(mol·K)] (298.15 K)	$C_{p,m}$[J/(mol·K)] (1 098.15 K)	$C_{p,m}$[J/(mol·K)] (1 198.15 K)	$C_{p,m}$[J/(mol·K)] (873.15 K)
1-Butene	85.65	174.89	186.15	183.13
CO_2	37.11	51.42	52.97	52.55
H_2O	33.58	38.70	39.96	39.62
1,3-Butadiene	79.54	154.14	162.38	160.17
CO	29.14	31.88	32.59	32.40
H_2	28.15	—	—	30.43

2.2.3 氧化脱氢反应能否发生的探究

根据状态函数法计算常温(298.15 K)下氧化脱氢反应[见反应式(2-1)]的标准反应吉布斯函数[$\Delta_r G_m^{\ominus}$(298.15 K),kJ/mol,见式(2-7)],再利用标准反应吉布斯函数与标准平衡常数的关系算出该反应标准平衡常数($K^{\ominus}$)[见式(2-8)]。

$$\Delta_r G_m^{\ominus}(298.15 \text{ K}) = \sum_B v_B \Delta_f G_m^{\ominus}(298.15 \text{ K}) \tag{2-7}$$

$$\Delta_r G_m^{\ominus}(298.15 \text{ K}) = -RT \ln K^{\ominus}(298.15 \text{ K}) \tag{2-8}$$

以常温(298.15 K)为基准,用基希霍夫公式计算出实验室最佳反应温度 873.15 K 下氧化脱氢反应[见反应式(2-1)]的标准焓[$\Delta_r H_m^{\ominus}$(873.15 K),kJ/mol]、标准熵[$\Delta_r S_m^{\ominus}$(873.15 K),J/(mol·K)]与标准吉布斯自由能[$\Delta_r G_m^{\ominus}$(873.15 K),kJ/mol][见式(2-9)~式(2-12)]。再利用标准反应吉布斯函数与标准平衡常数的关系算出该反应标准平衡常数[见式(2-8)]。

$$\Delta_r C_{p,m} = \sum_B v_B C_{p,m} \tag{2-9}$$

$$\Delta_r H_m^{\ominus}(873.15 \text{ K}) = \sum_B v_B \Delta_f H_m^{\ominus}(298.15 \text{ K}) + \Delta_r C_{p,m}(T_2 - T_1) \tag{2-10}$$

$$\Delta_r S_m^{\ominus}(873.15 \text{ K}) = \sum_B v_B S_m^{\ominus}(298.15 \text{ K}) + \Delta_r C_{p,m} \ln \frac{T_2}{T_1} \tag{2-11}$$

$$\Delta_r G_m^{\ominus}(873.15 \text{ K}) = \Delta_r H_m^{\ominus}(873.15 \text{ K}) - T\Delta_r S_m^{\ominus}(873.15 \text{ K}) \tag{2-12}$$

常温(298.15 K)下该反应的标准平衡常数为 1.22×10^{-19},远远小于 10^{-5},所以该反应在常温下几乎不能发生。而在最佳反应温度 873.15 K 下该反应的标准平衡常数为 0.03,且其吉布斯自由能为 25.33 kJ/mol,说明该反应(一步路径)在 873.15 K 下可以发生。

另外,还对实验室最佳反应温度下分步反应(两步路径)是否发生进行了探究。对直接脱氢反应[见反应式(2-2)]和逆水煤气变换反应[见反应式(2-3)]进行热力学分析。首先,用式(2-10)~式(2-12)和式(2-8)计算得出 873.15 K 下吉布斯自由能 $\Delta_r G_{m,2}^{\ominus}$(873.15 K)、$\Delta_r G_{m,3}^{\ominus}$(873.15 K)分别为 17.51 kJ/mol、7.82 kJ/mol[下标 2、3 分别表示反应式(2-2)和(2-3)],标准平衡常数 $K_2^{\ominus}$(873.15 K)、$K_3^{\ominus}$(873.15 K)分别为 0.09、0.34。然后采用盖斯定律[见式(2-13)和式(2-14)]进行验证,结果表明该反应符合盖斯定律(17.51 kJ/mol + 7.82 kJ/mol = 25.33 kJ/mol 且 $0.09 \times 0.34 \approx 0.03$),即在 873.15 K 下该反应可以为直接脱氢反应与逆水煤气变换反应的耦合,即两步路径也可以发生。由于热力学计算仅与始末态有关,而与反应路径无关,因此以上计算无法确定反应遵循何种反应路径,只能说明丁烯与 CO_2 反应可通过两种路径生成丁二烯(如图 1-2 所示),这与文献报道的结果相一致。

$$\Delta_r G_m^{\ominus}(873.15 \text{ K}) = \Delta_r G_{m,2}^{\ominus}(873.15 \text{ K}) + \Delta_r G_{m,3}^{\ominus}(873.15 \text{ K}) \tag{2-13}$$

$$K^{\ominus}(873.15 \text{ K}) = K_2^{\ominus}(873.15 \text{ K}) \times K_3^{\ominus}(873.15 \text{ K}) \tag{2-14}$$

2.3 反应限度分析

2.3.1 探究只发生目标反应的反应限度

利用压力商(J_p)与平衡常数的关系探究氧化脱氢反应[见反应式(2-1)]与直接脱氢反应[见反应式(2-2)]的反应限度。实验中氧化脱氢反应实际压力为$p(C_4H_8)=0.1p^\ominus$($p^\ominus$为标准压力),$p(CO_2)=0.9p^\ominus$;直接脱氢反应实际压力为$p(C_4H_8)=p^\ominus$。设氧化脱氢反应与直接脱氢反应的反应限度分别为X_1、X_2,则反应压力商J_{p1}、J_{p2}分别按式(2-15)、式(2-16)计算(式中BD表示丁二烯)。当反应达到平衡时,由式(2-17)计算出X_1、X_2分别为0.079 7、0.258。

$$J_{p1} = \frac{(p_{BD}/p^\ominus)(p_{CO}/p^\ominus)(p_{H_2O}/p^\ominus)}{(p_{C_4H_8}/p^\ominus)(p_{CO_2}/p^\ominus)} = \frac{X_1^3}{(0.1-X_1)(0.9-X_1)} \quad (2-15)$$

$$J_{p2} = \frac{(p_{BD}/p^\ominus)(p_{H_2}/p^\ominus)}{(p_{C_4H_8}/p^\ominus)} = \frac{X_2^2}{1-X_2} \quad (2-16)$$

$$J_p = K^\ominus \quad (2-17)$$

在只发生氧化脱氢主反应的理想情况下,压力分别为$0.1p^\ominus$和$0.9p^\ominus$的丁烯和CO_2极限转化率(φ)由式(2-18)和式(2-19)计算得到,分别为79.7%与8.86%。在只发生直接脱氢反应的理想情况下压力为$p^\ominus$的丁烯极限转化率由式(2-20)计算出,结果为25.8%。

$$\varphi_{C_4H_8(1)} = \frac{X_1 p^\ominus}{0.1 p^\ominus} \quad (2-18)$$

$$\varphi_{CO_2} = \frac{X_1 p^\ominus}{0.9 p^\ominus} \quad (2-19)$$

$$\varphi_{C_4H_8(2)} = \frac{X_1 p^\ominus}{p^\ominus} \quad (2-20)$$

由此可以看出,引入CO_2的氧化脱氢反应能够大大提高丁烯的转化率。依据勒夏特列原理可知,直接脱氢反应产生的氢气被CO_2的逆水煤气变换反应所消耗,降低了第一步反应生成物的浓度,使得反应平衡向右移动,提高了脱氢反应的限度。若CO_2全部用于逆水煤气变换反应,则二者转化率之比应该为9。但是实际情况中并不是这样,因为CO_2还与积炭反应,所以CO_2转化率可能会增大。

2.3.2 探究存在异构化反应的反应限度

在CO_2氧化丁烯脱氢反应中,发生的主要副反应是三个异构化反应:丁烯异构化生成异丁烯、顺 -2- 丁烯和反 -2- 丁烯,见式(2-5)。三种异构化反应在 573.15 K 和 673.15 K 下的标准摩尔反应焓与标准平衡常数根据刘海龙的丁烯异构的研究成果得到,见表 2-3。

表 2-3 573.15 K、673.15 K 下异构化反应标准摩尔反应焓与标准平衡常数

Temperature(K)	$\Delta_r H^{\ominus}_{(2)}$ (kJ/mol)	$\Delta_r H^{\ominus}_{(3)}$ (kJ/mol)	$\Delta_r H^{\ominus}_{(4)}$ (kJ/mol)	$K^{\ominus}_{(2)}$	$K^{\ominus}_{(3)}$	$K^{\ominus}_{(4)}$
573.15	-16.21	-8.11	-10.42	10.66	2.37	3.45
673.15	-16.23	-8.56	-10.53	6.43	1.83	2.49

注:下标(2)、(3)、(4)分别表示丁烯生成异丁烯的反应、丁烯生成顺 -2- 丁烯的反应和丁烯生成反 -2- 丁烯的反应。

通过外插法计算 873.15 K 下三个异构化反应的标准摩尔反应焓,如式(2-21)所示。再通过范特霍夫公式计算 873.15 K 下三个异构化反应的标准平衡常数,如式(2-22)所示,得到标准摩尔反应焓 $\Delta_r H^{\ominus}_{(2)}(873.15\text{ K})$、$\Delta_r H^{\ominus}_{(3)}(873.15\text{ K})$、$\Delta_r H^{\ominus}_{(4)}(873.15\text{ K})$分别为 -16.5 kJ/mol、-9.47 kJ/mol 与 -10.77 kJ/mol,标准平衡常数 $K^{\ominus}_{(2)}(873.15\text{ K})$、$K^{\ominus}_{(3)}(873.15\text{ K})$、$K^{\ominus}_{(4)}(873.15\text{ K})$分别为 3.31、1.26 与 1.61。

$$\Delta_r H^{\ominus}_m(873.15\text{ K}) = \Delta_r H^{\ominus}_m(673.15\text{ K}) + \frac{\Delta_r H^{\ominus}_m(673.15\text{ K}) - \Delta_r H^{\ominus}_m(573.15\text{ K})}{673.15\text{ K} - 573.15\text{ K}} \times (873.15\text{ K} - 673.15\text{ K}) \quad (2-21)$$

$$K^{\ominus}(873.15\text{ K}) = K^{\ominus}(573.15\text{ K}) e^{-\frac{\Delta_r H^{\ominus}_m(573.15\text{ K})}{R}\left(\frac{1}{873.15\text{ K}} - \frac{1}{573.15\text{ K}}\right)} \quad (2-22)$$

异丁烯、顺 -2- 丁烯和反 -2- 丁烯三者之间存在以下互变异构:顺 -2- 丁烯 ⟶ 异丁烯,反 -2- 丁烯 ⟶ 异丁烯,顺反异构的变换。此三种异构化反应在 573.15 K、673.15 K 下的标准摩尔反应焓与标准平衡常数根据刘海龙的丁烯异构的研究成果得到,见表 2-4。

表 2-4 573.15 K、673.15 K 下互变异构化反应标准摩尔反应焓与标准平衡常数

Temperature(K)	$\Delta_r H^{\ominus}_{(5)}$ (kJ/mol)	$\Delta_r H^{\ominus}_{(6)}$ (kJ/mol)	$\Delta_r H^{\ominus}_{(7)}$ (kJ/mol)	$K^{\ominus}_{(5)}$	$K^{\ominus}_{(6)}$	$K^{\ominus}_{(7)}$
573.15	-8.10	-5.79	-2.31	4.5	3.09	1.46
673.15	-7.67	-5.70	-1.97	3.52	2.59	1.36

注:下标(5)、(6)、(7)分别表示顺 -2- 丁烯生成异丁烯的反应、反 -2- 丁烯生成异丁烯的反应和顺反异构变换的反应。

通过外插法[见式(2-21)]计算 873.15 K 下三个互变异构化反应的标准摩尔反应焓,再通过范特霍夫公式[见式(2-22)]计算 873.15 K 下三个异构化反应的标准平衡常数,由此得到 $\Delta_r H^{\ominus}_{(5)}(873.15\text{ K})$、$\Delta_r H^{\ominus}_{(6)}(873.15\text{ K})$、$\Delta_r H^{\ominus}_{(7)}(873.15\text{ K})$分别为 -6.82 kJ/mol、-5.52 kJ/mol 与 -1.30 kJ/mol,$K^{\ominus}_{(5)}(873.15\text{ K})$、$K^{\ominus}_{(6)}(873.15\text{ K})$、$K^{\ominus}_{(7)}(873.15\text{ K})$分别为 2.59、2.05 与 1.27。

可以看出,在 873.15 K 下,异构化反应的标准平衡常数比催化脱氢反应的标准平衡常数大了 2 个数量级。在热力学上,异构化反应比脱氢反应更容易发生。在只发生单一异构化反应的理想情况下,压力为 $0.1p^{\ominus}$ 的丁烯极限转化率由式(2-23)、式(2-24)计算出,$\varphi_{C_4H_8(2)}$、$\varphi_{C_4H_8(3)}$、$\varphi_{C_4H_8(4)}$ 的结果分别为 82.63%、55.83% 与 66.16%。

$$K^{\ominus}(873.15\ \text{K}) = \frac{X_{(2/3/4)}}{0.1 - X_{(2/3/4)}} \tag{2-23}$$

$$\varphi_{C_4H_8(2/3/4)} = \frac{X_{(2/3/4)}p^{\ominus}}{0.1p^{\ominus}} \tag{2-24}$$

从单一发生某种反应的热力学角度看,三个异构化反应中的任一反应在总反应中都占据较大的比例,因此需要具有高选择性的催化剂从宏观层面降低异构化反应的分压,提高氧化脱氢的选择性。

2.3.3 无催化剂多反应体系反应极限的分析

在 873.15 K 下的实际反应中,裂解反应占比非常小,只有 1%~2%,因此在计算中可以忽略。主要反应是生成丁二烯的反应和三个异构化反应。实验中,氧化脱氢反应的实际压力为 $p(C_4H_8) = 0.1p^{\ominus}$($p^{\ominus}$ 为标准压力),$p(CO_2) = 0.9p^{\ominus}$。设反应[见反应式(2-1)和反应式(2-5)]生成丁二烯、异丁烯、顺-2-丁烯和反-2-丁烯的限度分别为 $X_{(1)}$、$X_{(2)}$、$X_{(3)}$ 和 $X_{(4)}$,则生成的丁二烯、异丁烯、顺-2-丁烯和反-2-丁烯的压力分别为 $X_{(1)}p^{\ominus}$、$X_{(2)}p^{\ominus}$、$X_{(3)}p^{\ominus}$ 和 $X_{(4)}p^{\ominus}$,剩余丁烯的压力为 $\left(0.1 - \sum_{i=1}^{4} X_{(i)}\right)p^{\ominus}$。

四个主要反应对应的压力商 $J_{p(1)}$、$J_{p(2)}$、$J_{p(3)}$、$J_{p(4)}$ 分别用式(2-25)~式(2-28)计算。当反应达平衡时,由式(2-29)~式(2-32)计算出 $X_{(1)}$、$X_{(2)}$、$X_{(3)}$、$X_{(4)}$ 分别为 0.055、0.021、0.008、0.01。

$$J_{p(1)} = \frac{X_{(1)}^3}{\left(0.1 - \sum_{i=1}^{4} X_{(i)}\right)(0.1 - X_1)} \tag{2-25}$$

$$J_{p(2)} = \frac{X_{(2)}}{0.1 - \sum_{i=1}^{4} X_{(i)}} \tag{2-26}$$

$$J_{p(3)} = \frac{X_{(3)}}{0.1 - \sum_{i=1}^{4} X_{(i)}} \tag{2-27}$$

$$J_{p(4)} = \frac{X_{(4)}}{0.1 - \sum_{i=1}^{4} X_{(i)}} \tag{2-28}$$

第 2 章　CO_2 氧化丁烯脱氢制丁二烯新工艺的热力学分析

$$J_{p(1)} = K_{(1)}^{\ominus}(873.15 \text{ K}) \tag{2-29}$$

$$J_{p(2)} = K_{(2)}^{\ominus}(873.15 \text{ K}) \tag{2-30}$$

$$J_{p(3)} = K_{(3)}^{\ominus}(873.15 \text{ K}) \tag{2-31}$$

$$J_{p(4)} = K_{(4)}^{\ominus}(873.15 \text{ K}) \tag{2-32}$$

压力分别为 $0.1p^{\ominus}$ 和 $0.9p^{\ominus}$ 的丁烯和 CO_2 反应后,反应物的转化率及其主要反应的产物收率(Y)由式(2-33)~式(2-38)计算得到,即 $\varphi_{C_4H_8}$、φ_{CO_2}、$Y_{\text{丁烯}}$、$Y_{\text{异丁烯}}$、$Y_{\text{顺-2-丁烯}}$、$Y_{\text{反-2-丁烯}}$ 分别为 93.68%、6.07%、54.64%、20.89%、7.99%、10.17%。

$$\varphi_{C_4H_8} = \frac{0.1p^{\ominus} - \left(0.1 - \sum_{i=1}^{4} X_{(i)}\right)p^{\ominus}}{0.1p^{\ominus}} \tag{2-33}$$

$$\varphi_{CO_2} = \frac{X_{(1)}p^{\ominus}}{0.9p^{\ominus}} \tag{2-34}$$

$$Y_{BD} = \frac{X_{(1)}p^{\ominus}}{0.1p^{\ominus}} \tag{2-35}$$

$$Y_{\text{异丁烯}} = \frac{X_{(2)}p^{\ominus}}{0.1p^{\ominus}} \tag{2-36}$$

$$Y_{\text{顺-2-丁烯}} = \frac{X_{(3)}p^{\ominus}}{0.1p^{\ominus}} \tag{2-37}$$

$$Y_{\text{反-2-丁烯}} = \frac{X_{(4)}p^{\ominus}}{0.1p^{\ominus}} \tag{2-38}$$

在无催化剂的自由竞争反应条件下,丁二烯收率能够达到 54.64%,丁烯转化率可达 93.68%,CO_2 转化率为 6.07%。

2.4　本章小结

本章通过热力学研究对 CO_2 氧化丁烯脱氢制丁二烯新工艺进行了探究,并对反应限度进行了计算和分析。热力学计算结果表明:①丁烯与 CO_2 作用生成丁二烯的反应在常温下不能发生,而在实验室最佳反应温度(873.15 K)下能可逆进行;②在只考虑目标反应的情况下,丁烯直接脱氢反应生成丁二烯(873.15 K)的转化率仅为 25.8%,但在有 CO_2 存在时,丁烯的转化率却能达到 79.7%,说明 CO_2 的引入促进了丁烯脱氢反应的进行,这是因为 CO_2 可通过发生逆水煤气变换反应,降低生成物氢气的浓度,使得反应平衡向右移动,从而提高了脱氢反应的限度;③异构化反应的标准平衡常数比氧化脱氢反应的标准平衡常数大 2 个数量级,说明在热力学上异构化反应比氧化脱氢反应更容易发生,且通过计算得出在无催化剂的自由竞争反应条件下,丁烯转化率可达 93.68%,而丁二烯的收率仅能够达到 54.64%,说明丁二烯的选择性很低,因此从抑制异构化反应的角度出发进行催化剂的设计与开发,将有效提高该体系催化剂的催化性能,从而促进该工艺的发展。

第 3 章 　CO_2 氧化丁烯脱氢制丁二烯高效催化剂的开发

3.1 　引言

CO_2 氧化丁烯脱氢制丁二烯新工艺的发展离不开高效催化剂的开发。本章针对该工艺面临的反应活性低、催化剂易失活、目标产物丁二烯选择性低等主要问题，依次通过催化剂表面酸碱位强度与数量的调控、催化剂晶格氧流动性的调变、催化剂酸性位类型的调变的方法，逐步提高了传统 $Fe_2O_3/\gamma\text{-}Al_2O_3$ 催化剂的催化性能及寿命，并探究了催化剂酸碱性以及晶格氧流动性对 CO_2 活化、积炭行为、催化活性及选择性的影响规律。另外，在以上研究工作的基础上，设计开发了以活性炭为载体的新型 Fe 基催化剂，并研究探讨了该催化剂在 CO_2 氧化丁烯脱氢制丁二烯新工艺中的催化性能及构效关系。以上为今后高效催化剂的进一步研究与开发奠定了理论与实践基础。

3.2 　催化剂表面酸碱位强度与数量的调控及其活性与抗积炭性能的提高

积炭是该体系催化剂失活的主要原因。提高催化剂的抗积炭能力以及减少反应过程中积炭的产生，是该反应体系研究工作中应该重点关注的问题。

在 CO_2 作为氧化剂氧化低碳烷烃脱氢的研究工作中，Ding、Ajayi 等发现催化剂表面的积炭量与催化剂表面酸量正相关，催化剂的碱性位可抑制积炭的产生，通过添加碱性助剂可有效提高催化剂的稳定性。可见，催化剂的碱性位不仅对 CO_2 的活化有影响，还对积炭行为有影响。另外，在 O_2 氧化正丁烯脱氢制丁二烯的研究工作中，Lee 等发现催化剂的酸性位起到活化正丁烯、抽取 $\alpha\text{-}H$ 的作用。基于以上分析，在 CO_2 氧化丁烯脱氢制丁二烯的研究工作中，需要将催化剂酸碱性对积炭的影响、催化剂碱性对 CO_2 活化的影响和催化剂酸性对丁烯活化的影响三方面结合起来考虑，调节催化剂的酸碱性，从而实现制备高效、高稳定性催化剂的目标。

因此，本节在传统 $Fe_2O_3/\gamma\text{-}Al_2O_3$ 催化剂的基础上，对催化剂表面酸碱位强度与数量进行了调控，并研究了催化剂酸碱位强度与数量对催化剂活性及抗积炭性能的影响。

3.2.1 　催化剂表面酸碱位强度与数量的调控

采用等体积浸渍的方法，用 H_2SO_4、LiOH、NaOH、KOH 分别对传统 $Fe_2O_3/\gamma\text{-}Al_2O_3$ 催

化剂进行酸碱改性,改性催化剂分别记为 S-Fe_2O_3/γ-Al_2O_3、Li-Fe_2O_3/γ-Al_2O_3、Na-Fe_2O_3/γ-Al_2O_3、K-Fe_2O_3/γ-Al_2O_3。为了明确酸碱改性前后催化剂结构是否发生变化,对这4组样品和 Fe_2O_3/γ-Al_2O_3 进行了 N_2 物理吸附和脱附,结果见图 3-1 和表 3-1。由图 3-1 可知,所有催化剂均呈现出具有迟滞环的 Ⅳ 型等温线,此为介孔特征,由此可知酸碱改性并未改变 Fe_2O_3/γ-Al_2O_3 的结构。催化剂的 XRD 谱图见图 3-2。所有样品均呈现出 γ-Al_2O_3 和 α-Fe_2O_3 的特征衍射峰,这表明酸碱改性并未改变催化剂的晶型结构。另外,在酸碱改性后的催化剂中未发现 S、Li、Na、K 等元素的特征衍射峰,这说明这些元素在 Al_2O_3 表面高度分散。

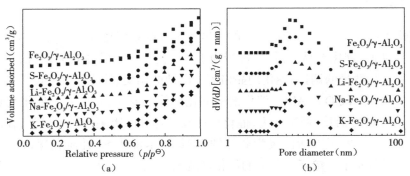

图 3-1 Fe_2O_3/γ-Al_2O_3、S-Fe_2O_3/γ-Al_2O_3、Li-Fe_2O_3/γ-Al_2O_3、Na-Fe_2O_3/γ-Al_2O_3 和 K-Fe_2O_3/γ-Al_2O_3 的性能表征
(a)N_2 吸附-脱附等温线 (b)孔分布曲线

表 3-1 Fe_2O_3/γ-Al_2O_3、S-Fe_2O_3/γ-Al_2O_3、Li-Fe_2O_3/γ-Al_2O_3、Na-Fe_2O_3/γ-Al_2O_3 和 K-Fe_2O_3/γ-Al_2O_3 的结构参数

Sample	BET area (m^2/g)	Volume (cm^3/g)	Diameter (nm)
Fe_2O_3/γ-Al_2O_3	116	0.36	5.6
S-Fe_2O_3/γ-Al_2O_3	126	0.40	6.5
Li-Fe_2O_3/γ-Al_2O_3	105	0.37	6.5
Na-Fe_2O_3/γ-Al_2O_3	104	0.37	6.5
K-Fe_2O_3/γ-Al_2O_3	109	0.35	5.6

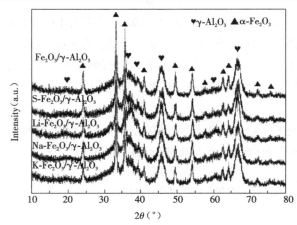

图 3-2 Fe_2O_3/γ-Al_2O_3、S-Fe_2O_3/γ-Al_2O_3、Li-Fe_2O_3/γ-Al_2O_3、Na-Fe_2O_3/γ-Al_2O_3 和 K-Fe_2O_3/γ-Al_2O_3 的 XRD 谱图

采用 NH_3-TPD 对 5 组催化剂的酸性进行定性和定量研究，结果见图 3-3 和表 3-2。总的来说，与未改性的 $Fe_2O_3/\gamma-Al_2O_3$ 相比，H_2SO_4 改性催化剂的总酸量明显提高，LiOH 改性催化剂的总酸量变化很小（在系统误差内），但使用 NaOH 和 KOH 改性后的催化剂总酸量明显降低，且催化剂的酸量随碱性的增强而降低。H_2SO_4 改性可以有效增强催化剂表面的弱酸和强酸位，同时轻微减弱催化剂表面的中强酸位。LiOH 改性可以使催化剂在总酸量不变的情况下，将中强酸和强酸位转化为弱酸位。NaOH 和 KOH 改性使得催化剂的强酸位消失，且大大减少了催化剂的中强酸和弱酸位。

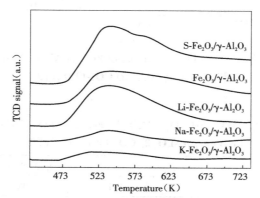

图 3-3 $Fe_2O_3/\gamma-Al_2O_3$、$S-Fe_2O_3/\gamma-Al_2O_3$、$Li-Fe_2O_3/\gamma-Al_2O_3$、$Na-Fe_2O_3/\gamma-Al_2O_3$ 和 $K-Fe_2O_3/\gamma-Al_2O_3$ 的 NH_3-TPD 谱图

表 3-2 $Fe_2O_3/\gamma-Al_2O_3$、$S-Fe_2O_3/\gamma-Al_2O_3$、$Li-Fe_2O_3/\gamma-Al_2O_3$、$Na-Fe_2O_3/\gamma-Al_2O_3$ 和 $K-Fe_2O_3/\gamma-Al_2O_3$ 的 NH_3-TPD 谱图分峰结果

Sample	NH_3 adsorbed (μmol/g)			
	Peak Ⅰ	Peak Ⅱ	Peak Ⅲ	Total
$Fe_2O_3/\gamma-Al_2O_3$	30	45	8	72
$S-Fe_2O_3/\gamma-Al_2O_3$	55	41	11	95
$Li-Fe_2O_3/\gamma-Al_2O_3$	45	34	7	74
$Na-Fe_2O_3/\gamma-Al_2O_3$	16	10	ND[a]	21
$K-Fe_2O_3/\gamma-Al_2O_3$	18	6	ND	18

[a] ND means "no detected".

采用 CO_2-TPD 对 5 组催化剂的碱性进行定性和定量研究，结果见图 3-4 和表 3-3。由图 3-4 可知，H_2SO_4 改性催化剂在 428 K 处的脱附峰明显减弱，这说明与 $Fe_2O_3/\gamma-Al_2O_3$ 相比，$S-Fe_2O_3/\gamma-Al_2O_3$ 存在更少的碱位。$Li-Fe_2O_3/\gamma-Al_2O_3$ 仅表现出弱碱性，且与未改性的 $Fe_2O_3/\gamma-Al_2O_3$ 相比，存在更多的碱位。$K-Fe_2O_3/\gamma-Al_2O_3$ 的碱性弱于 $Na-Fe_2O_3/\gamma-Al_2O_3$，但是 $Na-Fe_2O_3/\gamma-Al_2O_3$ 和 $K-Fe_2O_3/\gamma-Al_2O_3$ 的碱性要强于 $Li-Fe_2O_3/\gamma-Al_2O_3$。

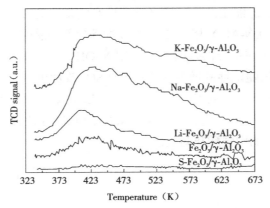

图 3-4　$Fe_2O_3/\gamma\text{-}Al_2O_3$、$S\text{-}Fe_2O_3/\gamma\text{-}Al_2O_3$、$Li\text{-}Fe_2O_3/\gamma\text{-}Al_2O_3$、$Na\text{-}Fe_2O_3/\gamma\text{-}Al_2O_3$ 和 $K\text{-}Fe_2O_3/\gamma\text{-}Al_2O_3$ 的 $CO_2\text{-}TPD$ 谱图

表 3-3　$Fe_2O_3/\gamma\text{-}Al_2O_3$、$S\text{-}Fe_2O_3/\gamma\text{-}Al_2O_3$、$Li\text{-}Fe_2O_3/\gamma\text{-}Al_2O_3$、$Na\text{-}Fe_2O_3/\gamma\text{-}Al_2O_3$ 和 $K\text{-}Fe_2O_3/\gamma\text{-}Al_2O_3$ 的 $CO_2\text{-}TPD$ 谱图分峰结果

Sample	CO_2 adsorbed (μmol/g)		
	Peak I	Peak II	Total
$Fe_2O_3/\gamma\text{-}Al_2O_3$	22	0	22
$S\text{-}Fe_2O_3/\gamma\text{-}Al_2O_3$	2	0	2
$Li\text{-}Fe_2O_3/\gamma\text{-}Al_2O_3$	32	0	32
$Na\text{-}Fe_2O_3/\gamma\text{-}Al_2O_3$	54	72	126
$K\text{-}Fe_2O_3/\gamma\text{-}Al_2O_3$	39	47	87

3.2.2　催化剂的活性与抗积炭性能

5 组催化剂的催化性能见图 3-5。可以看出，与未改性的催化剂相比，所有改性催化剂的丁烯转化率均下降，但是 H_2SO_4 和 LiOH 改性催化剂的丁二烯选择性和丁二烯收率均大幅提高。以丁二烯收率为衡量催化剂活性的标准，可得到 5 种催化剂的活性顺序：$Li\text{-}Fe_2O_3/\gamma\text{-}Al_2O_3$ > $S\text{-}Fe_2O_3/\gamma\text{-}Al_2O_3$ > $Fe_2O_3/\gamma\text{-}Al_2O_3$ > $K\text{-}Fe_2O_3/\gamma\text{-}Al_2O_3$ > $Na\text{-}Fe_2O_3/\gamma\text{-}Al_2O_3$。LiOH 改性后 $Fe_2O_3/\gamma\text{-}Al_2O_3$ 催化反应的丁二烯收率提高了 41%。结合以上表征结果可知：经过酸碱改性后，虽然催化剂的物理结构和晶型并未发生变化，但是催化剂的表面化学性质却发生了明显变化；LiOH 改性后 $Fe_2O_3/\gamma\text{-}Al_2O_3$ 催化剂的总酸量并未发生变化，而总碱量明显提高；H_2SO_4 改性后 $Fe_2O_3/\gamma\text{-}Al_2O_3$ 催化剂表面的酸量提高而碱量降低；对于 $Na\text{-}Fe_2O_3/\gamma\text{-}Al_2O_3$ 和 $K\text{-}Fe_2O_3/\gamma\text{-}Al_2O_3$ 而言，与未改性的 $Fe_2O_3/\gamma\text{-}Al_2O_3$ 相比，总酸量较低，但是总碱量却明显提高。据报道，催化剂表面的酸性位可有效提高催化剂的丁烯转化率，而碱性位则有利于提高催化剂的 CO_2 吸附活化能力。因此，一个合适的酸碱比例是催化剂表

第 3 章 　CO_2 氧化丁烯脱氢制丁二烯高效催化剂的开发

现出良好催化性能的关键。结合催化性能,可以发现催化剂表面较少的酸性位和较强的碱性都不利于丁二烯的生成。

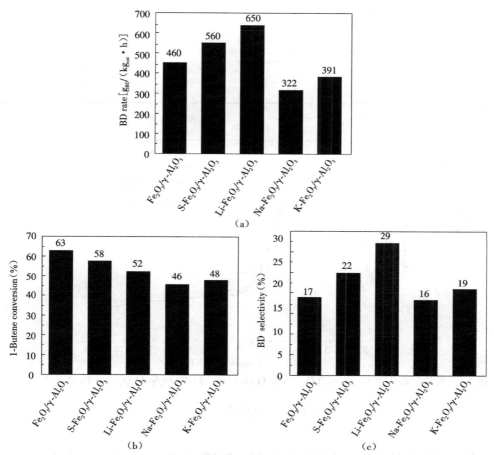

图 3-5 　$Fe_2O_3/\gamma\text{-}Al_2O_3$、$S\text{-}Fe_2O_3/\gamma\text{-}Al_2O_3$、$Li\text{-}Fe_2O_3/\gamma\text{-}Al_2O_3$、$Na\text{-}Fe_2O_3/\gamma\text{-}Al_2O_3$ 和 $K\text{-}Fe_2O_3/\gamma\text{-}Al_2O_3$ 的催化性能
（a）丁二烯收率　（b）丁烯转化率　（c）丁二烯选择性

采用热重分析（TG）法研究了酸碱改性催化剂的抗积炭能力,结果见表 3-4 和图 3-6。可以看出,碱改性可有效降低催化剂在反应过程中的积炭量,也就是说,随着碱性的提高,催化剂的抗积炭能力得到了增强。然而,反应后的 $S\text{-}Fe_2O_3/\gamma\text{-}Al_2O_3$ 在 653 K 处的失重率为 9.1%,比未改性的 $Fe_2O_3/\gamma\text{-}Al_2O_3$ 高,这说明酸改性后催化剂表面的积炭量增加。这一点也是 $S\text{-}Fe_2O_3/\gamma\text{-}Al_2O_3$ 催化活性比 $Li\text{-}Fe_2O_3/\gamma\text{-}Al_2O_3$ 低的原因。

综上可知,催化剂的酸碱改性对该体系催化剂的性能有着很大影响。与未改性催化剂相比,LiOH 改性催化剂的丁二烯收率提高了 41%。提高催化剂的碱性可以有效提高催化剂的抗积炭能力,催化剂表面较少的酸性位和较强碱性都不利于丁二烯的生成;对于 CO_2 氧化丁烯脱氢反应而言,催化剂存在一个合适的酸碱比例,使其表现出最佳的氧化脱氢效果。

表 3-4　653 K 下反应后催化剂的失重率

Sample	Weight loss rate (%)
$Fe_2O_3/\gamma\text{-}Al_2O_3$	8.4
$S\text{-}Fe_2O_3/\gamma\text{-}Al_2O_3$	9.1
$Li\text{-}Fe_2O_3/\gamma\text{-}Al_2O_3$	8.2
$Na\text{-}Fe_2O_3/\gamma\text{-}Al_2O_3$	6.8
$K\text{-}Fe_2O_3/\gamma\text{-}Al_2O_3$	6.7

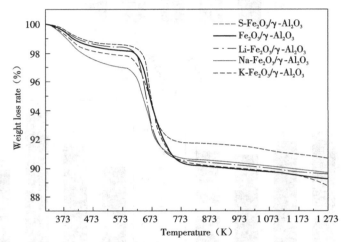

图 3-6　反应后催化剂 $Fe_2O_3/\gamma\text{-}Al_2O_3$、$S\text{-}Fe_2O_3/\gamma\text{-}Al_2O_3$、$Li\text{-}Fe_2O_3/\gamma\text{-}Al_2O_3$、$Na\text{-}Fe_2O_3/\gamma\text{-}Al_2O_3$ 和 $K\text{-}Fe_2O_3/\gamma\text{-}Al_2O_3$ 的 TG 表征

3.3　催化剂晶格氧流动性的调变及其活性与 CO_2 活化能力的提高

与 O_2 氧化丁烯脱氢反应过程相比，CO_2 氧化丁烯脱氢反应过程的重点在于 CO_2 的活化。能否开发出具有高 CO_2 活化能力的催化剂，是 CO_2 氧化丁烯脱氢制丁二烯工艺发展的关键。在 CO_2 作为氧化剂氧化低碳烷烃脱氢的研究工作中，考察了催化剂酸碱性对 CO_2 活化的影响，结果发现碱性位有利于 CO_2 的吸附及活化，且有研究者通过向催化剂中添加碱性助剂有效提高了催化剂的活性。在 CO_2 氧化丁烯脱氢制丁二烯催化剂的研究开发中，对这一点有必要进行探讨，但单纯靠调节催化剂的酸碱性来提高 CO_2 的活化能力有一定的局限性，因此需要寻求更多的方法来提高催化剂活化 CO_2 的能力，得到合适的催化剂和更好的催化结果。

催化剂体相的氧空位可以抽取 CO_2 中的氧形成催化剂表面氧和 CO，即催化剂的氧空位起到活化 CO_2 的作用。形成的表面氧可以抽取丁烯上的 α-H，此时催化剂被还原又形成氧空位；形成的氧空位又可被 CO_2 重新氧化恢复到原来的状态。反应在此循环下不断进

第3章 CO_2 氧化丁烯脱氢制丁二烯高效催化剂的开发

行。可以说,晶格氧的流动性对于整个反应起到了重要作用。另外,氧化物催化剂良好的晶格氧流动性还有利于抑制积炭的产生。

因此,本节在传统 $Fe_2O_3/\gamma\text{-}Al_2O_3$(为简化起见,下文以 Al_2O_3 指代 $\gamma\text{-}Al_2O_3$)催化剂的基础上,对催化剂晶格氧流动性进行了调变,并研究、探讨了催化剂晶格氧流动性对催化剂活性及 CO_2 活化能力的影响。

3.3.1 催化剂晶格氧流动性的调变

采用共同浸渍的方法,向传统 Fe_2O_3/Al_2O_3 催化剂中引入一种或两种与 Fe 原子半径接近的过渡金属元素,可以调节催化剂的晶格氧流动性。所制备的 Al_2O_3 负载 Fe 基复合氧化物催化剂记为 FeM_1O_x/Al_2O_3(M_1 = V、Cr、Mn、Co、Ni、Cu、Zn)和 $FeVM_2O_x/Al_2O_3$(M_2 = Cr、Mn、Co、Ni、Cu、Zn)。催化剂中 Fe 元素和掺杂元素的含量采用电感耦合等离子体(ICP)光谱仪进行测试,结果见表 3-5。可见,14 组催化剂中 Fe 元素含量相当,约为 11%;Fe 与掺杂元素的摩尔比约为 9:1。

表 3-5 Fe_2O_3/Al_2O_3、FeM_1O_x/Al_2O_3 (M_1 = V、Cr、Mn、Co、Ni、Cu、Zn)和 $FeVM_2O_x/Al_2O_3$ (M_2 = Cr、Mn、Co、Ni、Cu、Zn)的结构参数和各元素含量

Sample	BET area (m^2/g)	Volume (cm^3/g)	Diameter (nm)	Crystallite size of α-Fe_2O_3[a] (nm)	Loading of Fe[b] (%)	Loading of M_1[b] (%)	Loading of M_2[b] (%)	Fe/M_1[b] (mole ratio)	Fe/M_2[b] (mole ratio)
Fe_2O_3/Al_2O_3	194	0.55	5.6	18.1	12.6	—	—	—	—
$FeMnO_x/Al_2O_3$	112	0.33	5.6	29.4	11.2	1.2	—	9.6	—
$FeCoO_x/Al_2O_3$	124	0.39	6.5	26.0	11.0	1.3	—	8.7	—
$FeNiO_x/Al_2O_3$	156	0.46	5.6	19.3	11.0	1.2	—	9.0	—
$FeCuO_x/Al_2O_3$	137	0.41	5.6	15.3	11.0	1.5	—	7.6	—
$FeZnO_x/Al_2O_3$	156	0.48	6.6	18.9	11.6	1.3	—	8.9	—
$FeCrO_x/Al_2O_3$	144	0.43	5.6	11.8	11.2	1.2	—	9.3	—
$FeVO_x/Al_2O_3$	125	0.38	6.5	10.2	11.1	1.1	—	9.5	—
$FeVCrO_x/Al_2O_3$	137	0.39	3.8	9.0	10.7	1.0	0.9	9.7	11.3
$FeVMnO_x/Al_2O_3$	154	0.38	3.8	12.1	11.3	1.0	1.2	10.0	9.1
$FeVCoO_x/Al_2O_3$	134	0.38	3.8	11.7	11.1	1.0	1.3	10.0	8.5
$FeVNiO_x/Al_2O_3$	141	0.39	6.5	13.0	11.1	1.1	1.2	10.1	9.1
$FeVCuO_x/Al_2O_3$	136	0.36	4.9	14.2	10.9	1.0	1.5	9.6	7.5
$FeVZnO_x/Al_2O_3$	149	0.38	3.8	15.7	11.1	1.0	1.4	10.1	8.1

[a] Calculated from the (114) facet of α-Fe_2O_3 in XRD patterns of catalysts using the Scherrer equation.
[b] Loadings of Fe, M_1 and M_2 were determined by ICP.

采用 N_2 物理吸附和脱附对催化剂的物理结构进行表征,结果见图 3-7 和表 3-5。可见,所有样品均呈现出具有迟滞环的Ⅳ型等温线,此为介孔特征。除了双掺杂样品呈双孔分布外,其他样品结构基本一致,说明掺杂改性对催化剂的物理结构影响很小。从表 3-5 的结构参数可以看出,掺杂改性后催化剂的比表面积、孔容都有了不同程度的减小,说明掺杂元素进入 Al_2O_3 的孔道中且未阻塞其孔道。

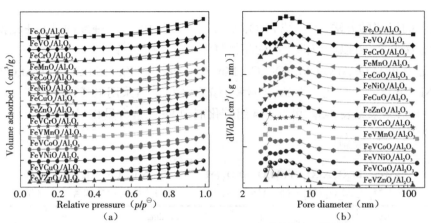

图 3-7　Fe_2O_3/Al_2O_3、FeM_1O_x/Al_2O_3（M_1 = V、Cr、Mn、Co、Ni、Cu、Zn）和 $FeVM_2O_x/Al_2O_3$（M_2 = Cr、Mn、Co、Ni、Cu、Zn）的性能表征
（a）N_2 吸附－脱附等温线　（b）孔分布曲线

对 14 组催化剂进行了 XRD 表征,结果见图 3-8。所有催化剂均呈现出 γ-Al_2O_3（JCPDS Card No.10-0425）和 α-Fe_2O_3（JCPDS Card No.33-0664）的特征衍射峰。这说明焙烧之后 Fe 元素以 α-Fe_2O_3 的形式负载在载体 γ-Al_2O_3 表面。$FeMnO_x/Al_2O_3$、$FeCoO_x/Al_2O_3$、$FeNiO_x/Al_2O_3$、$FeCuO_x/Al_2O_3$、$FeZnO_x/Al_2O_3$、$FeCrO_x/Al_2O_3$ 的晶型与 Fe_2O_3/Al_2O_3 一致,且没有 Mn、Co、Ni、Cu、Zn 或 Cr 元素的特征衍射峰,说明这些元素高度分散。而掺杂 V 元素的样品（$FeVO_x/Al_2O_3$、$FeVCrO_x/Al_2O_3$、$FeVMnO_x/Al_2O_3$、$FeVCoO_x/Al_2O_3$、$FeVNiO_x/Al_2O_3$、$FeVCuO_x/Al_2O_3$、$FeVZnO_x/Al_2O_3$）则呈现出 $Fe_{0.716}V_{1.284}O_4$（JCPDS Card No.32-0467）和 V_2O_5（JCPDS Card No. 32-0206）的特征衍射峰。Fe-V 复合氧化物的形成说明掺杂的 V 元素与 Fe 元素发生相互作用。另外,我们还发现 V 和 Cr 元素的引入使得 α-Fe_2O_3 晶粒尺寸减小（见表 3-5）,说明催化剂的分散度提高。

为了进一步研究催化剂中 Fe 元素与掺杂元素之间的相互作用,对这 14 组催化剂进行了 XPS 表征,见图 3-9。从图中可以看出掺杂 V 和 Cr 元素以后 Fe 2p 轨道的结合能明显增强,说明 Fe 的电子云密度增加,这是由于 Cr/V 与 Fe 之间发生相互作用,电子从 Cr/V 转至 Fe,这与 XRD 的结果一致。

第 3 章 CO$_2$ 氧化丁烯脱氢制丁二烯高效催化剂的开发

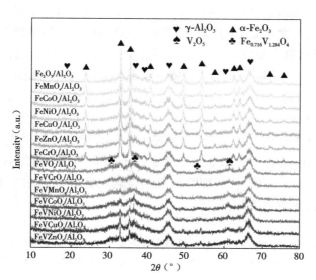

图 3-8 Fe$_2$O$_3$/Al$_2$O$_3$、FeM$_1$O$_x$/Al$_2$O$_3$（M$_1$ = V、Cr、Mn、Co、Ni、Cu、Zn）
和 FeVM$_2$O$_x$/Al$_2$O$_3$（M$_2$ = Cr、Mn、Co、Ni、Cu、Zn）的 XRD 谱图

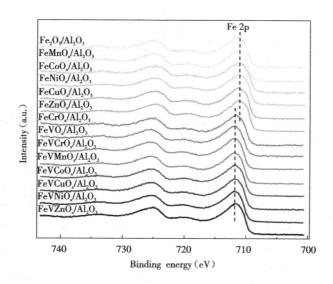

图 3-9 Fe$_2$O$_3$/Al$_2$O$_3$、FeM$_1$O$_x$/Al$_2$O$_3$（M$_1$ = V、Cr、Mn、Co、Ni、Cu、Zn）
和 FeVM$_2$O$_x$/Al$_2$O$_3$（M$_2$ = Cr、Mn、Co、Ni、Cu、Zn）的 XPS Fe 2p 谱图

为了探究元素掺杂对催化剂晶格氧含量及氧流动性的影响,我们对这 14 组催化剂进行了 XPS 表征,O 1s 谱图见图 3-10。据报道,对谱峰进行解迭得到的 3 个峰分别对应催化剂中的晶格氧(O Ⅰ)、缺陷氧(O Ⅱ)和表面吸附氧(O Ⅲ)。解迭结果列于表 3-6。可以看出,掺杂 V 和 Cr 元素,尤其是 Cr 元素,可提高 Fe_2O_3/Al_2O_3 的晶格氧含量,其中 $FeVCrO_x/Al_2O_3$ 具有最高的晶格氧含量(59.4%)。金属氧化物催化剂的 O 1s 结合能随晶格氧的价电子密度减小而增大,这表明催化剂中的金属—氧键会随 O 1s 结合能的增大而变弱,从而使晶格氧更活泼、更易移动,即高的 O 1s 结合能对应着高的氧流动性。3 种氧峰中 O Ⅱ 的结合能体现了 $FeMO_x/Al_2O_3$ 催化剂的氧流动性。因此,对于这 14 组催化剂,我们选用 O Ⅱ 的结合能作为衡量其氧流动性好坏的指标。从表 3-6 中可以看出,FeM_1O_x/Al_2O_3(M_1 = V、Cr)和 $FeVM_2O_x/Al_2O_3$(M_2 = Cr、Mn、Co、Ni、Cu、Zn)催化剂的 O Ⅱ 结合能增大,而 FeM_1O_x/Al_2O_3(M_1 = Mn、Co、Ni、Cu、Zn)催化剂的 O Ⅱ 结合能减小,由此说明 V 和 Cr 的引入可提高 Fe_2O_3/Al_2O_3 催化剂的氧流动性。

表 3-6 Fe_2O_3/Al_2O_3、FeM_1O_x/Al_2O_3(M_1 = V、Cr、Mn、Co、Ni、Cu、Zn)和 $FeVM_2O_x/Al_2O_3$(M_2 = Cr、Mn、Co、Ni、Cu、Zn)的 XPS O 1s 结果汇总

Sample	O Ⅰ		O Ⅱ		O Ⅲ	
	Binding energy (eV)	Content (%)	Binding energy (eV)	Content (%)	Binding energy (eV)	Content (%)
Fe_2O_3/Al_2O_3	530.18	37.7	531.46	42.4	532.65	19.8
$FeVO_x/Al_2O_3$	530.58	47.5	531.55	44.5	532.44	28.1
$FeCrO_x/Al_2O_3$	530.38	40.7	531.54	30.6	532.47	28.7
$FeMnO_x/Al_2O_3$	529.98	21.1	531.25	53.7	532.40	25.2
$FeCoO_x/Al_2O_3$	529.98	25.8	531.31	50.3	532.47	24.0
$FeNiO_x/Al_2O_3$	529.88	34.2	531.36	49.6	532.63	16.3
$FeCuO_x/Al_2O_3$	529.98	39.9	531.39	43.4	532.57	16.7
$FeZnO_x/Al_2O_3$	529.78	38.7	531.31	43.3	532.51	18.0
$FeVCrO_x/Al_2O_3$	530.38	59.4	531.61	24.8	532.54	15.8
$FeVMnO_x/Al_2O_3$	530.48	47.4	531.55	35.9	532.72	16.7
$FeVCoO_x/Al_2O_3$	530.38	47.5	531.54	36.9	532.68	15.7
$FeVNiO_x/Al_2O_3$	530.38	54.9	531.54	28.8	532.56	16.2
$FeVCuO_x/Al_2O_3$	530.38	53.1	531.55	30.5	532.54	16.4
$FeVZnO_x/Al_2O_3$	530.28	48.7	531.54	35.9	532.69	15.3

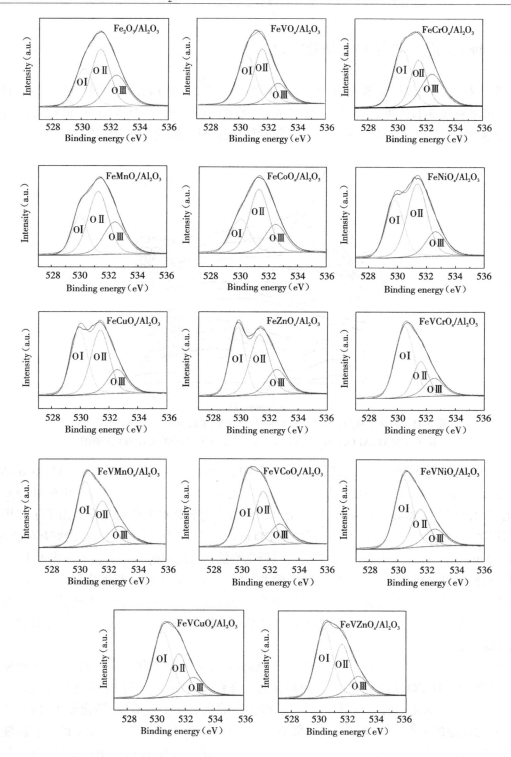

图 3-10　Fe_2O_3/Al_2O_3、FeM_1O_x/Al_2O_3（M_1 = V、Cr、Mn、Co、Ni、Cu、Zn）和 $FeVM_2O_x/Al_2O_3$（M_2 = Cr、Mn、Co、Ni、Cu、Zn）的 XPS O 1s 谱图

3.3.2 催化剂的活性与 CO_2 活化能力

为了探究掺杂改性对催化剂 CO_2 吸附能力的影响,对这 14 组催化剂进行了 CO_2-TPD 表征,结果见图 3-11。可以看出,掺杂 V 或 Cr 元素的催化剂在 415 K 处的峰减小,而出现了 685 K 处的高温峰,这说明 V 和 Cr 的掺杂可以提高催化剂的 CO_2 吸附能力。

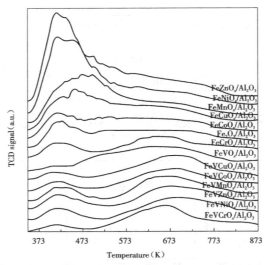

图 3-11 Fe_2O_3/Al_2O_3、FeM_1O_x/Al_2O_3(M_1 = V、Cr、Mn、Co、Ni、Cu、Zn) 和 $FeVM_2O_x/Al_2O_3$(M_2 = Cr、Mn、Co、Ni、Cu、Zn)的 CO_2-TPD 谱图

这 14 组催化剂的催化性能评价结果见图 3-12。可以发现:掺杂了 V、Cr、Mn、Co、Ni、Cu 或 Zn 元素后,催化剂催化的反应中丁烯的转化率基本不变;而这 14 组催化剂对 CO_2 的转化率却存在很大差异,V 或 Cr 的掺杂可以提高催化剂对 CO_2 的转化率。由于丁二烯是目标产物,因此我们将丁二烯收率(图中用 BD rate 表示)作为评价催化剂性能好坏的指标。可见,Mn、Co、Ni、Cu 或 Zn 元素的引入对催化剂催化反应中的丁二烯收率影响很小,而 V 和 Cr 的掺杂可以提高催化剂催化反应中的丁二烯收率。我们将 14 组催化剂的氧流动性与其对应的丁二烯收率相关联,发现二者正相关,且催化剂对应的丁二烯速率随氧流动性的增强而增大(见图 3-13)。在所有催化剂中,$FeVCrO_x/Al_2O_3$ 的氧流动性最高,因此它具有最高的催化活性。

综上可知,本研究成功制备了高晶格氧流动性 Fe 基复合氧化物催化剂,并定量研究了晶格氧流动性对 CO_2 活化和积炭行为的影响。研究表明,通过构筑 Fe 基复合氧化物催化剂,可有效提高催化剂的晶格氧流动性,从而提高催化剂的 CO_2 吸附、活化能力,因此更有利于催化反应的进行。催化剂的晶格氧流动性与其催化活性正相关,催化剂的活性随催化剂晶格氧流动性的增强而提高。通过研究,获得了高活性催化剂 $FeVCrO_x/Al_2O_3$,其催化的反应中丁烯转化率为 79%,丁二烯选择性达 39%。

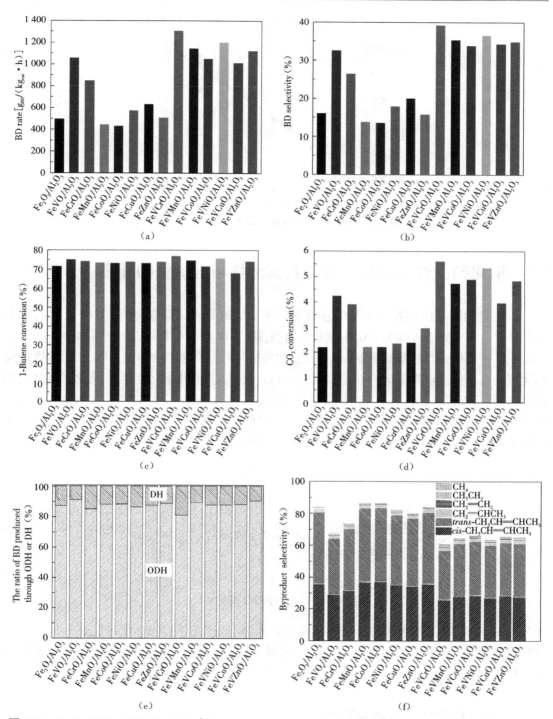

图 3-12 Fe_2O_3/Al_2O_3、FeM_1O_x/Al_2O_3（M_1 = V、Cr、Mn、Co、Ni、Cu、Zn）和 $FeVM_2O_x/Al_2O_3$（M_2 = Cr、Mn、Co、Ni、Cu、Zn）的催化性能

(a)丁二烯收率 (b)丁二烯选择性 (c)丁烯转化率 (d)CO_2转化率 (e)丁二烯通过氧化脱氢（ODH）反应或脱氢（DH）反应生成的比例 (f)副产物选择性

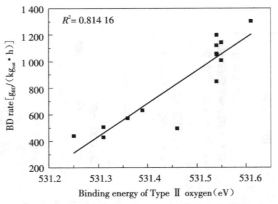

图 3-13　O Ⅱ 的结合能与丁二烯收率之间的关系

3.4　催化剂酸性位类型的调变及其活性与选择性的提高

该工艺的副反应主要有丁烯的裂解反应和丁烯的异构化反应(如图 3-14 所示),以上述选择性达 39% 的 $FeVCrO_x/\gamma-Al_2O_3$ 催化剂为例,其 C1~C3 的选择性仅为 3.9%,而顺 -2- 丁烯和反 -2- 丁烯的选择性却高达 57%。因此,如果能降低异构化产物的选择性,便可有效提高催化剂的选择性。前期的研究结果表明,$\gamma-Al_2O_3$ 载体表面的 L 酸在吸附和活化丁烯时起到重要作用,可以说,L 酸对主反应的发生不可或缺。而 $\gamma-Al_2O_3$ 中的 B 酸位实则是异构化反应(通过正碳离子重排发生)的活性位。因此,降低催化剂中 B 酸的含量或提高催化剂中 L 酸与 B 酸的比例,将有望最大限度地提高催化剂的选择性。

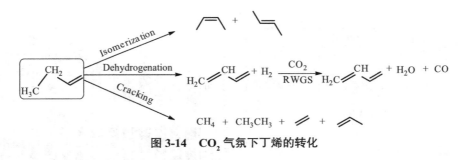

图 3-14　CO_2 气氛下丁烯的转化

因此,本节通过催化剂的可控制备调变催化剂中酸性位的类型,即调变 L 酸和 B 酸的含量,探索催化剂中 L 酸和 B 酸的含量或比例对其选择性的影响规律,为进一步开发高选择性催化剂提供理论指导。

3.4.1　催化剂酸性位类型的调变

采用 $ZnCl_2$ 改性的方法对 $\gamma-Al_2O_3$ 中 L 酸与 B 酸的比例进行了调变,并制备了一系列 $FeVCrO_x/n\%ZnCl_2/\gamma-Al_2O_3$($n$ = 1、3、5、7 和 10)催化剂,进一步研究了催化剂中 L 酸与 B 酸

的作用。采用 ICP 对催化剂中 Fe、V、Cr 和 Zn 的含量进行了测试,结果见表 3-7。可见 6 组催化剂中 Zn 元素含量依次增加,而 Fe、V 和 Cr 元素的含量水平相当。

采用 N_2 物理吸附和脱附对催化剂物理结构进行分析,结果见图 3-15 和表 3-7。由图可知,所有样品均呈现出具有迟滞环的Ⅳ型等温线,此为介孔特征,说明 $ZnCl_2$ 改性前后催化剂的孔道结构保持不变。而从表 3-7 中的结构参数可知,$ZnCl_2$ 改性后催化剂的比表面积有所下降,且随着 $ZnCl_2$ 加入量的增加而减小。

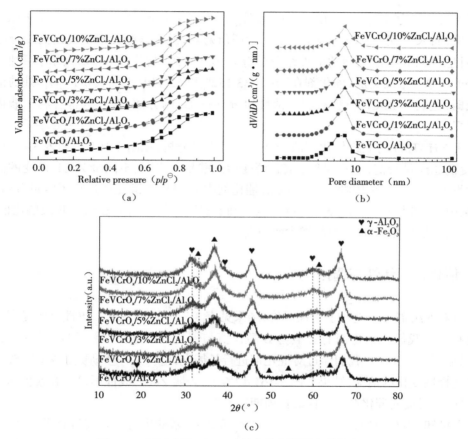

图 3-15 不同含量 $ZnCl_2$ 改性催化剂的物理结构表征
(a)N_2 吸附-脱附等温线 (b)孔分布曲线 (c)XRD 谱图

表 3-7 不同含量 $ZnCl_2$ 改性催化剂的结构参数和各元素含量

Sample	BET area (m^2/g)	Pore volume (cm^3/g)	Average pore diameter (nm)	Loading of Fe[a] (%)	Loading of V[a] (%)	Loading of Cr[a] (%)	Loading of Zn[a] (%)
$FeVCrO_x/Al_2O_3$	158	0.36	7.8	9.5	1.0	1.2	0.0
$FeVCrO_x/1\%ZnCl_2/Al_2O_3$	152	0.36	7.8	10.0	1.0	1.2	0.6
$FeVCrO_x/3\%ZnCl_2/Al_2O_3$	154	0.40	7.8	8.9	0.9	1.2	2.0
$FeVCrO_x/5\%ZnCl_2/Al_2O_3$	130	0.32	7.8	9.6	1.0	1.2	3.8

续表

Sample	BET area (m²/g)	Pore volume (cm³/g)	Average pore diameter (nm)	Loading of Fe[a] (%)	Loading of V[a] (%)	Loading of Cr[a] (%)	Loading of Zn[a] (%)
FeVCrO$_x$/7%ZnCl$_2$/Al$_2$O$_3$	137	0.34	7.8	9.9	1.1	1.3	5.5
FeVCrO$_x$/10%ZnCl$_2$/Al$_2$O$_3$	110	0.29	7.8	9.6	1.0	1.3	6.8

[a] Loadings of Fe, V, Cr and Zn were determined by ICP.

图 3-15(c)为 6 组催化剂的 XRD 谱图。所有样品均出现了 γ-Al$_2$O$_3$ 和 α-Fe$_2$O$_3$ 的特征衍射峰，而未出现 V、Cr 和 Zn 元素的特征衍射峰，说明这些元素呈现出高度分散的状态，同时也说明 6 组催化剂的活性组分的存在形式一致，均为 α-Fe$_2$O$_3$。同时，我们发现，随着 ZnCl$_2$ 加入量的增加，催化剂在 2θ 为 33.152° 和 62.449°（代表 α-Fe$_2$O$_3$）处的衍射峰明显减弱，这表明 ZnCl$_2$ 改性有利于活性组分 α-Fe$_2$O$_3$ 的分散，这一点将有利于催化剂性能的提高。

采用 NH$_3$-TPD 对 6 组催化剂的酸性进行了定量分析，见图 3-16(a)和表 3-8。可以看出，调变前总酸量较高，而不同量 ZnCl$_2$ 调变后总酸量下降，而不同量 ZnCl$_2$ 调变的催化剂的总酸量差别不大。采用吡啶吸附 IR 对催化剂中 L 酸与 B 酸比值进行了定量分析，结果如图 3-16(b)和表 3-8 所示，表明 ZnCl$_2$ 改性确实提高了催化剂中 L 酸与 B 酸的比值，且 L 酸与 B 酸比值随 ZnCl$_2$ 加入量的增大而增大。

3.4.2 催化剂的活性与选择性

本节对 6 组催化剂进行了活性评价，结果见表 3-8。可见，ZnCl$_2$ 改性有效提高了催化剂的选择性。我们将催化剂的 L 酸与 B 酸比值与催化剂的选择性相关联，发现二者正相关，结果见图 3-16(c)。我们通过对催化剂进行长周期评价，进一步研究了 ZnCl$_2$ 改性前后催化剂选择性变化的情况，结果如图 3-16(d)所示，表明 ZnCl$_2$ 改性不仅可有效提高催化剂的选择性，还可提高催化剂选择性的长周期稳定性。

综上可知，ZnCl$_2$ 改性可有效提高 γ-Al$_2$O$_3$ 负载 Fe 基催化剂的 L 酸与 B 酸比值，从而提高催化剂的选择性及选择性的长周期稳定性。该结果证明，载体 γ-Al$_2$O$_3$ 中 L 酸在 CO$_2$ 氧化丁烯脱氢反应中起到了重要作用，而催化剂中的 B 酸则起到了催化异构化反应、降低选择性的不良作用。通过研究，获得了最优催化剂 FeVCrO$_x$/10%ZnCl$_2$/Al$_2$O$_3$，其催化的反应中丁烯转化率约为 81%，丁二烯选择性高达 47%。

第 3 章　CO_2 氧化丁烯脱氢制丁二烯高效催化剂的开发

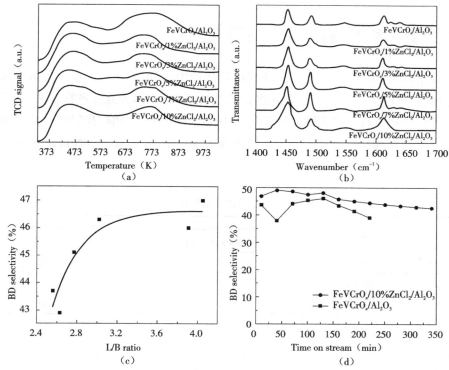

图 3-16　不同含量 $ZnCl_2$ 改性催化剂的性能表征
（a）NH_3-TPD 谱图　（b）Py-IR 谱图　（c）丁二烯选择性和 L 酸与 B 酸比值的关系
（d）$FeVCrO_x/Al_2O_3$ 和 $FeVCrO_x/10\%ZnCl_2/Al_2O_3$ 的丁二烯选择性

表 3-8　不同含量 $ZnCl_2$ 改性催化剂的化学性质和催化性能

Sample	Total acidity[a] (μmol/g)	L/B ratio[b]	1-Butene conversion (%)	CO_2 conversion (%)	BD selectivity (%)	Isomerization product[c] selectivity (%)	BD rate [$g_{BD}/(kg_{cat} \cdot h)$]
$FeVCrO_x/Al_2O_3$	16.6	2.56	83.4	11.1	43.7	52.3	1 583.4
$FeVCrO_x/1\%ZnCl_2/Al_2O_3$	15.1	2.77	81.9	11.8	45.1	51.5	1 602.7
$FeVCrO_x/3\%ZnCl_2/Al_2O_3$	14.7	2.63	81.5	10.4	42.9	54.0	1 517.7
$FeVCrO_x/5\%ZnCl_2/Al_2O_3$	14.4	3.02	82.3	11.2	46.3	50.6	1 653.8
$FeVCrO_x/7\%ZnCl_2/Al_2O_3$	14.4	3.91	82.0	11.4	46.0	50.9	1 637.9
$FeVCrO_x/10\%ZnCl_2/Al_2O_3$	13.5	4.05	80.9	12.4	47.0	50.2	1 649.1

[a] Determination by NH_3-TPD tests；[b] determination by pyridine adsorbed IR；[c] isomerization products refer to *trans*-2-butene and *cis*-2-butene.

3.5 活性炭负载 Fe 基催化剂的研究

以上研究表明 B 酸位是丁烯异构化反应的活性中心,为了削弱此反应以进一步提高催化剂的选择性,我们采用表面不具有 B 酸位的活性炭(AC)作为载体进行了 Fe 基催化剂的制备。由于活性炭材料的表面性质对催化剂的性能有着重要影响,我们通过活性炭材料表面调变探究了其表面化学性质对此类催化剂催化 CO_2 氧化丁烯脱氢性能的影响。所制备催化剂的相关信息见表 3-9。

表 3-9 所制备催化剂的相关信息

Sample	Support	Concentration of nitric acid used for modification(mol/L)	Theoretical weight percentage of Fe (%)
Fe_7C_3@FeO/AC	AC (AC-5M)	5	15
Fe/AC-0M	AC-0M	0	15
Fe/AC-1M	AC-1M	1	15
Fe/AC-3M	AC-3M	3	15
Fe/AC-7M	AC-7M	7	15
Fe/AC-9M	AC-9M	9	15

3.5.1 活性炭负载纳米 Fe 基催化剂的制备与表征分析

图 3-17(a)为所制备的活性炭负载纳米 Fe 基催化剂 Fe_7C_3@FeO/AC 的 TEM 照片,结果显示,活性组分 Fe 颗粒在载体表面高度分散且平均粒径为 14.2 nm。另外,通过更高放大倍数的 TEM 照片[见图 3-17(b)和图 3-17(c)]可以看出,该催化剂表面上的颗粒结构是以 Fe_7C_3 为中心、FeO 为壳层的核-壳结构。图 3-17(d)的 XPS 表面及溅射(溅射深度约为 10 nm)分析结果也进一步证实了这种核-壳结构的存在。

采用 N_2 物理吸附和脱附对 Fe_7C_3@FeO/AC 催化剂进行了结构表征,结果见图 3-18(a)。由图可见,该类催化剂为既含介孔又含微孔的多级孔材料,且具有很大的比表面积(1 843 m²/g),这一水平明显高出上述 Al_2O_3 等材料。另外,采用穆斯堡尔谱图对该催化剂中 Fe 元素的价态与组成进行了详细分析,结果见图 3-18(b)和表 3-10。从结果中可知,活性组分 Fe 由 Fe_7C_3、FeO、Fe^0 和 Fe^{3+} 组成。进一步,采用拉曼光谱分析了活性组分 Fe 与炭载体之间的相互作用,结果见图 3-18(c)。图中 D 峰和 G 峰分别代表位于无序石墨结构和 E_{2g} 石墨结构中碳原子摇摆键的振动。二者峰强度之比(I_D/I_G,定义为 R)代表了活性炭材料的缺陷化程度,即 R 越高,活性炭材料的缺陷化程度越高。从图 3-18(c)可以得知,负载了活性组分后活性炭材料的缺陷化程度降低,这说明 Fe 元素锚定在了活性炭表面的缺陷位上。

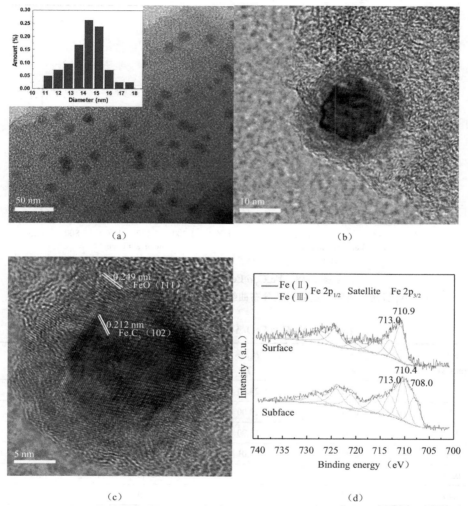

图 3-17 Fe₇C₃@FeO/AC 的 TEM 照片和 XPS Fe 2p 谱图
（a）~（c）TEM 照片 （d）XPS Fe 2p 谱图

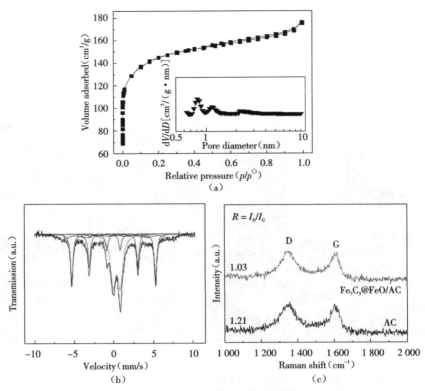

图 3-18　Fe_7C_3@FeO/AC 的性能表征

(a)N_2 吸附-脱附等温线和孔分布曲线　(b)穆斯堡尔谱图　(c)拉曼谱图

表 3-10　Fe_7C_3@FeO/AC 的穆斯堡尔谱图结果

IS[a] (mm/s)	QS[b] (mm/s)	H_{hf}[c] (T)	Area[d] (%)	Assignment
0.30	0.06	24.80	3.3	Fe_7C_3(Ⅰ)
0.20	0.04	20.00	3.9	Fe_7C_3(Ⅱ)
0.22	0.04	15.90	0.6	Fe_7C_3(Ⅲ)
0.00	0.00	33.01	37.4	Fe^0
0.39	0.90	—	38.8	Fe^{3+}
0.40	0.02	41.98	16.0	FeO

[a]IS refers to isomer shift (relative to Fe); [b]QS refers to quadrupole splitting; [c]"hf" means hyperfine magnetic field; [d]it means relative spectral area.

3.5.2　活性炭负载纳米 Fe 基催化剂的催化性能

Fe_7C_3@FeO/AC 催化剂催化 CO_2 氧化丁烯脱氢制丁二烯的活性数据见表 3-11。从表中的数据可以看出，该催化剂具有良好的催化活性，尤其是对丁二烯的选择性可高达 54%，明显高于表中所列的其他类型的催化剂。另外，该催化剂还具有最高的 TOF，为 14.4

第 3 章　CO_2 氧化丁烯脱氢制丁二烯高效催化剂的开发

$mol_{BD}/(mol_{Fe}\cdot h)$。这说明本研究所设计开发的 Fe_7C_3@FeO/AC 为一种新型高效的催化 CO_2 氧化丁烯脱氢制丁二烯用催化剂。

表 3-11　多种催化剂催化 CO_2 氧化丁烯脱氢制丁二烯的活性数据

Sample	Conversion (%)		Product concentration[a] (%)		Selectivity from 1-butene (%)				TOF[a] [$mol_{BD}/(mol_{Fe}\cdot h)$]
	CO_2	1-Butene	CO	BD	BD	2-Butene	Butane	C1~C3	
Fe_7C_3@FeO/AC	6	79	5.4	4.2	54	36	2	8	14.4
FeVCrO$_x$/γ-Al$_2$O$_3$	6	77	8.1	3.0	39	57	0	4	12.6
Fe$_2$O$_3$/γ-Al$_2$O$_3$	—[b]	80	—	—	27	51	0	1	—
Pt/Al$_2$O$_3$	—	57	—	—	34	—	—	—	—
Meso-FeAl	2	78	—	—	24	73	0	3	—
Zn-MWW	—	81	—	—	40	—	—	—	—
Fe/AC-0M	6	72	4.9	3.2	44	45	3	8	9.7
Fe/AC-1M	8	77	7.5	3.6	48	41	3	8	11.5
Fe/AC-3M	6	79	5.5	3.8	51	38	2	9	12.2
Fe/AC-7M	6	78	5.8	3.8	50	40	2	8	12.2
Fe/AC-9M	8	77	7.5	3.6	48	41	3	8	10.4

[a] The number of moles of active sites is calculated using the number of moles of Fe; [b] "—" indicates that no relevant information is provided.

为了深入了解和认识 Fe_7C_3@FeO/AC 催化剂,依次研究了空速(WHSV)、CO_2-丁烯进料比、反应温度等工艺条件对其催化 CO_2 氧化丁烯脱氢性能的影响,结果见表 3-12。从结果可知,空速的提高不利于目标产物丁二烯的生成,而 CO_2-丁烯进料比的提高可以提高丁二烯的选择性。由于该反应是吸热反应,因此提高反应温度可提高反应物的转化率。以丁二烯的收率为衡量催化剂活性的标准进行综合比较得出,最佳的工艺条件为空速 4.5 $g/(g_{cat}\cdot h)$、CO_2-丁烯进料比 9:1、反应温度 873 K。另外,还分别测试了组分 FeO$_x$ 和载体活性炭单独用于该反应的催化性能,发现二者基本没有催化活性或活性很低,这说明活性组分 Fe 元素与活性炭载体二者存在协同催化作用。后续研究还发现此类催化剂存在由于 Fe 元素价态变化导致的催化剂失活的问题。

表 3-12　不同反应条件下 Fe_7C_3@FeO/AC 催化剂的性能

Reaction conditions			Conversion (%)		Selectivity from 1-butene (%)				BD rate [$g_{BD}/(kg_{cat}\cdot h)$]
WHSV [$g/(g_{cat}\cdot h)$]	Reaction temperature (K)	CO_2/1-Butene	CO_2	1-Butene	BD	2-Butene	Butane	C1~C3	
1.5	873	9:1	10	82	39	44	3	14	1 402
7.5	873	9:1	4	48	51	39	3	7	1 074
4.5	873	6:1	7	81	45	43	3	9	1 588
4.5	873	12:1	5	76	56	29	2	13	1 843
4.5	823	9:1	4	79	41	55	2	2	1 395
4.5	923	9:1	9	82	47	29	2	22	1 684

3.5.3 活性炭材料表面化学性质对催化剂结构及性能的影响

由于活性炭载体表面对于此类催化剂发挥催化作用起到了不可或缺的作用,且丁烯的吸附与活化均发生酸性位上,因此对 AC 进行了表面改性(HNO_3 氧化是一种简单有效且常用的增加活性炭材料表面含氧基团的方法),以获得活性炭材料表面化学性质对催化剂结构及性能的影响规律,并得到具有合适表面酸性的载体。

由于 HNO_3 处理可能会破坏活性炭材料的物理结构,而催化剂结构的改变会对其催化性能产生影响,为了排除结构变化这一影响因素,对改性后的活性炭载体均进行了 N_2 物理吸附和脱附表征分析,结果见图 3-19(a)和图 3-19(b)。所有样品均呈现出具有迟滞环的 I 型等温线,此为微孔特征。除 9 mol/L(在图中简写为 9M,下同)HNO_3 改性的 AC,其余样品的孔分布基本保持不变。从表 3-13 中的结构参数可以看出,当 HNO_3 浓度高于 7 mol/L 后,AC 的比表面积和孔容就会一定程度地减小。经综合分析可知,5 mol/L 为活性炭保持其结构及高比表面积的最高 HNO_3 处理浓度。

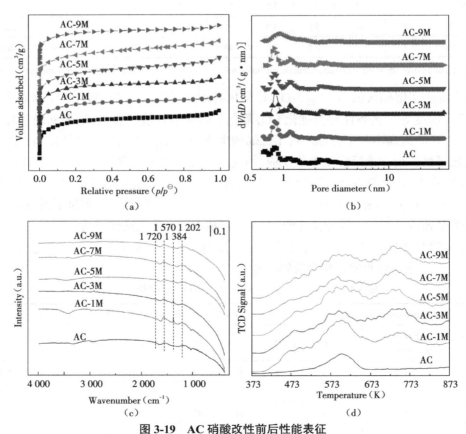

图 3-19 AC 硝酸改性前后性能表征
(a)N_2 吸附-脱附等温线 (b)孔分布曲线 (c)透射 IR 谱图 (d)NH_3-TPD 谱图

采用红外吸收光谱(IR)和勃姆(Beohm)滴定对不同浓度 HNO_3 改性的 AC 表面含氧

基团（OCG）的种类和数量进行了定性和定量研究，结果见图 3-19（c）和表 3-13。总的来说，与 AC 相比，HNO_3 改性提高了 AC 表面 OCG 含量，且 OCG 含量随 HNO_3 浓度的增加先升高后降低，在 HNO_3 浓度为 5 mol/L 时达到最高。采用 NH_3-TPD 对这些样品的酸性进行了表征[见图 3-19（d）]，发现不同浓度 HNO_3 改性的 AC 表面酸性变化情况与表面 OCG 含量的变化趋势一致，即在 HNO_3 浓度为 5 mol/L 时催化剂表面的酸量最大。

表 3-13　AC 在硝酸改性前后的结构参数和表面含氧基团含量

Sample	BET area (m²/g)	Microp-ore area (m²/g)	Micropore volume (cm³/g)	Mesopore volume (cm³/g)	Average micropore diameter (nm)	Average mesopore diameter (nm)	Phenolic[a] (mmol/g)	Lactonic[a] (mmol/g)	Carboxylic acid[a] (mmol/g)	Total acid groups[a] (mmol/g)
AC	2 034	1 804	0.78	0.20	0.82	2.64	0.63	0.00	0.00	0.63
AC-1M	1 897	1 691	0.73	0.19	0.59	2.91	0.47	0.00	0.61	1.08
AC-3M	2 099	1 893	0.82	0.20	0.59	2.91	0.56	0.07	0.61	1.24
AC-5M	2 065	1 651	0.72	0.34	0.82	2.60	0.71	0.10	0.64	1.63
AC-7M	1 745	1 570	0.68	0.15	0.82	2.91	0.50	0.05	0.72	1.27
AC-9M	1 750	1 331	0.58	0.33	0.93	3.01	0.46	0.06	0.60	1.12

[a] Amounts of OCGs were determined by the Beohm titration method.

对由具有较低表面含氧基团的活性炭载体所制备的催化剂（以 Fe/AC-0M 为例）进行了 TEM、穆斯堡尔谱等表征，分析了其结构和组成，结果见图 3-20、图 3-21 和表 3-14。从图 3-20 中可以看出，Fe/AC-0M 表面活性组分颗粒较大且分布很不均匀，说明活性炭载体表面的含氧基团可以促进活性组分的分散。另外，从表 3-14 中的结果可以看出，其 Fe_7C_3 的含量为 4.8%，比 Fe_7C_3@FeO/AC 催化剂中的含量（7.8%）要低，这说明活性炭载体表面的含氧基团可以促进 Fe_7C_3 的生成。

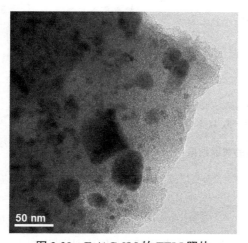

图 3-20　Fe/AC-0M 的 TEM 照片

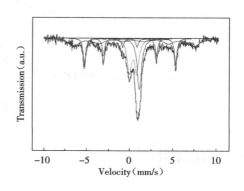

图 3-21　Fe/AC-0M 的穆斯堡尔谱图

表 3-14　Fe/AC-0M 的穆斯堡尔谱分析结果

IS[a] (mm/s)	QS[b] (mm/s)	H_{hf}[c] (T)	Area[d] (%)	Assignment
0.30	0.06	24.80	2.3	Fe_7C_3 (I)
0.20	0.04	20.00	2.5	Fe_7C_3 (II)
0.00	0.01	32.99	23.7	Fe^0
1.10	0.00	—	18.9	Fe^{2+}
0.36	0.86	—	24.4	Fe^{3+}
0.43	0.04	43.43	28.2	FeO

[a] IS refers to isomer shift (relative to Fe); [b] QS refers to quadrupole splitting; [c] "hf" means hyperfine magnetic field; [d] it means relative spectral area.

对由具有不同含氧基团含量的载体所制备的催化剂进行了活性评价,结果见表 3-11。为了更清楚地分析此类催化剂的构效关系,将这些催化剂的丁烯转化率和丁二烯选择性进行了关联,得到图 3-22。从图中可以明显看到,在 Fe 负载量一致的情况下,催化剂的活性及选择性随 OCG 含量的增加而提高,且在 HNO_3 浓度为 5 mol/L 时达到最大。结合上面的数据可知,活性炭表面的含氧基团不仅提供了不同于 B 酸的酸性位,还起到了锚定活性组分的作用,从而促进了 Fe_7C_3@FeO 纳米颗粒的形成与高度分散,最终使此类催化剂显示出优异的催化 CO_2 氧化丁烯脱氢的性能。因此,活性炭作为未来催化剂的载体,值得 CO_2 氧化丁烯脱氢制丁二烯新工艺研究者关注与探索。

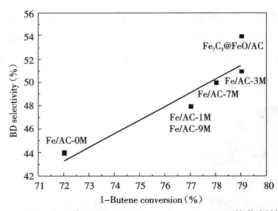

图 3-22　Fe_7C_3@FeO/AC 和 Fe/AC-nM (n = 0、1、3、7、9) 催化剂的丁烯转化率与丁二烯选择性的关联结果

3.6　本章小结

本章以高效催化 CO_2 氧化丁烯制丁二烯的催化剂的开发为目标,依次从催化剂表面酸碱位强度与数量调控、催化剂晶格氧流动性调变、催化剂酸性位类型调变以及新型活性炭负

载 Fe 基催化剂的设计与制备等方面开展研究工作,得到了以下结论。

（1）通过催化剂表面酸碱改性,定量研究了催化剂表面酸碱位强度与数量对催化剂性能及其抗积炭能力的影响,发现提高催化剂的碱性可有效提高催化剂的抗积炭能力;催化剂表面较少的酸性位与较强的碱性都不利于丁二烯的生成;对于 CO_2 氧化丁烯脱氢反应而言,催化剂存在一个合适的酸碱比例,能够使其表现出最佳的氧化脱氢效果。

（2）通过构筑 Fe 基复合氧化物催化剂,有效提高了催化剂的晶格氧流动性,从而提高了催化剂的 CO_2 活化能力以及催化性能;开发了高效催化剂 $FeVCrO_x/Al_2O_3$,其对应的丁烯转化率为 83.4%,丁二烯选择性达 43.7%;通过定量研究晶格氧流动性对催化剂性能的影响,发现催化剂的晶格氧流动性对 CO_2 的活化起到了关键作用,并与催化活性线性正相关,催化剂的活性随催化剂晶格氧流动性的增强而提高。

（3）通过对催化剂进行酸性位类型的调变,有效提高了催化剂的选择性以及选择性的稳定性;开发了高效催化剂 $FeVCrO_x/10\%ZnCl_2/Al_2O_3$,其对应的丁烯转化率约为 81%,丁二烯选择性为 47%;通过定量研究酸性位类型对催化剂性能的影响,发现催化剂的选择性与催化剂的 L 酸与 B 酸比值正相关,载体中的 L 酸在催化反应中起到了吸附和活化丁烯的作用,而 B 酸则起到了催化异构化反应、降低选择性的不良作用。

（4）设计制备出一类高效的 CO_2 氧化丁烯脱氢的活性炭负载 Fe 基催化剂,即 $Fe_7C_3@FeO/AC$,其对应的丁烯转化率为 79%,丁二烯选择性高达 54%。通过对此类催化剂进行构效关系的研究,发现活性炭材料表面化学性质对催化剂性能有着重要影响,活性炭材料表面可提供酸性位的 OCG 起到了锚定活性组分的作用,催化剂活性组分与载体之间存在相互作用,高的表面 OCG 含量可提高催化剂中 Fe_7C_3 的含量,从而提高催化剂的活性及选择性。

第4章 CO_2 氧化丁烯脱氢制丁二烯的催化反应机理

4.1 引言

对于该新工艺来说,反应机理的研究可为高效催化剂的设计与开发提供更多理论信息,具有重要的指导意义。因此,本章采用设计控制实验的方法,探讨了催化剂载体类型、载体与活性组分之间的协同作用机制以及催化剂中晶格氧的作用,并在此基础上提出了 $\gamma\text{-}Al_2O_3$ 负载的 Fe 基催化剂表面 CO_2 氧化丁烯脱氢生成丁二烯的反应机理。另外,还对此类催化剂进行了初步的动力学研究。

4.2 不同催化剂的催化氧化脱氢性能

分别对载体 $\gamma\text{-}Al_2O_3$ 和活性组分 Fe_2O_3 进行活性评价,结果如图4-1所示。可见,与具有良好催化性能的 $Fe_2O_3/\gamma\text{-}Al_2O_3$ 催化剂相比,二者表现出很低的催化活性,说明欲使 CO_2 氧化丁烯脱氢反应顺利进行,载体和活性组分二者缺一不可。因此我们研究了载体类型对催化性能的影响,即分别选用表面呈中性的 MCM-41 和具有 B 酸的 HY 分子筛作为载体制备催化剂并进行活性评价,然后与具有典型 L 酸的 $\gamma\text{-}Al_2O_3$ 载体负载的催化剂进行比较,发现 MCM-41 和 HY 分子筛亦表现出较低的催化活性,这说明 L 酸位对该反应起到了积极作用。

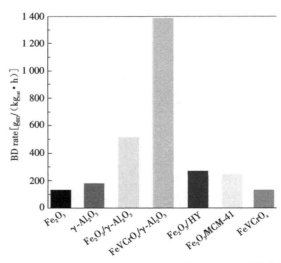

图4-1 Fe_2O_3、$\gamma\text{-}Al_2O_3$、$Fe_2O_3/\gamma\text{-}Al_2O_3$、$FeVCrO_x/\gamma\text{-}Al_2O_3$、$Fe_2O_3/HY$、$Fe_2O_3/MCM\text{-}41$ 和 $FeVCrO_x$ 的催化活性

与 Fe_2O_3 相比，Fe_2O_3/MCM-41 的催化活性提升幅度较小，说明低分散性并不是 Fe_2O_3 催化活性低的原因。为了排除晶格氧的影响，我们同时制备了 $FeVCrO_x$，其活性见图 4-1。$FeVCrO_x$ 表现出与 Fe_2O_3 相似的催化活性。但是当将其负载于 $γ-Al_2O_3$ 上之后，$FeVCrO_x$/$γ-Al_2O_3$ 催化剂表现出突出的催化活性。这进一步说明了 $γ-Al_2O_3$ 载体，尤其是它表面的 L 酸位对该反应的顺利发生起到了十分重要的作用。

4.3 催化剂中晶格氧的作用

前面我们通过调变 Fe_2O_3/$γ-Al_2O_3$ 催化剂的晶格氧流动性，研究了催化剂的晶格氧流动性对催化剂性能的影响，详见第 3 章内容。从实验结果可以看出，催化剂的晶格氧流动性在未改变催化剂结构的情况下被成功调变（见图 3-7、图 3-10、表 3-5 和表 3-6）。根据前期研究者的报道，除了催化剂的结构性质和晶格氧流动性，催化剂的表面酸碱性和氧化还原性也是影响催化性能的因素。从所报道的研究结果可知，晶格氧流动性调变后催化剂的酸性和氧化还原性变化不大，因此催化剂性能的变化（见图 3-12）应归因于催化剂的晶格氧流动性的变化。

我们将催化剂的晶格氧流动性与催化剂的 TOF 相关联，如图 4-2 所示。可见，二者线性正相关，且催化剂的 TOF 随晶格氧流动性的增加而增大。

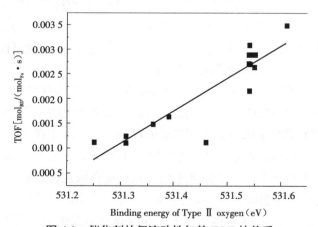

图 4-2 催化剂的氧流动性与其 TOF 的关系

此外，我们还观察到催化剂晶格氧流动性的改变对丁烯的转化率影响不大，而对 CO_2 的转化率影响较大，因此我们将催化剂的晶格氧流动性与其对应的 CO_2 的转化率相关联，结果如图 4-3 所示。可见，催化剂对应的 CO_2 转化率与其晶格氧流动性的变化相一致。这也与催化剂的 CO_2 吸附能力相一致（见图 3-11 中 CO_2-TPD 的表征结果）。所有这些数据说明催化剂的晶格氧流动性对 CO_2 活化起到了关键作用，从而使催化剂表现出良好的催化性能。

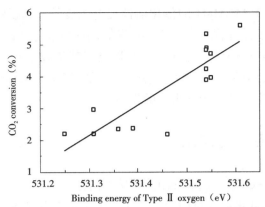

图 4-3 催化剂的氧流动性与其对应的 CO_2 转化率的关系

4.4 反应机理探究

Yan 等认为 CO_2 氧化丁烯脱氢反应遵循 Mars-van Krevelen 机理,但未有实验或计算数据支持这种想法。但是,以 CO_2 为氧化剂的氧化脱氢反应已经被广泛研究,例如丙烷氧化脱氢制丙烯、丁烯氧化脱氢制丁二烯和乙苯氧化脱氢制苯乙烯。人们认为,脱氢反应的发生遵循两种路径:一步路径和两步路径。在一步路径中,烷烃或烯烃与 CO_2 直接反应生成烯烃。在两步路径中,烷烃或烯烃首先发生直接脱氢反应生成烯烃和 H_2,H_2 和 CO_2 再发生逆水煤气变换反应。由前面章节的实验数据可知,在 CO_2 氧化丁烯脱氢的反应体系中,这两种路径同时存在,如图 1-2 所示。无论是哪种反应路径,CO_2 的活化都很关键。

Mukherjee 等报道了采用金属氧化物催化的 CO_2 氧化烷烃脱氢反应。他们发现,金属氧化物中的晶格氧参与了 H_2 的抽取,并生成水;而 CO_2 的作用是将缺陷氧重新氧化为晶格氧。根据此观点,CO_2 氧化丁烯脱氢制丁二烯的反应是可以发生在 Fe_2O_3 表面的,反应机理如图 1-1 所示。Fe_2O_3 中的晶格氧抽取丁烯中的 α-H,并生成水和丁二烯。与此同时,Fe_2O_3 中产生了缺陷氧,而这部分缺陷氧需要通过 CO_2 氧化重新恢复为晶格氧。

然而,我们的实验结果表明:CO_2 氧化丁烯脱氢制丁二烯的反应很难发生在单独的金属氧化物表面;催化剂载体,尤其是载体中的 L 酸位是该反应发生的必要因素。

根据以上实验结果,我们推测 Al_2O_3 负载 Fe 基复合氧化物催化剂催化 CO_2 氧化丁烯脱氢的反应机理,如图 4-4 所示。首先,丁烯在 γ-Al_2O_3 表面的 L 酸位上吸附并活化。丁烯的 α-H 被 γ-Al_2O_3 表面的碱性位抽取并形成碳负离子。然后,另一分子氢被晶格氧抽取,与此同时生成了目标产物丁二烯和水,晶格氧被还原为氧空穴。最后,CO_2 吸附在催化剂的氧空穴上并将其重新氧化为晶格氧,自身则转化为 CO。催化反应在此循环下进行。

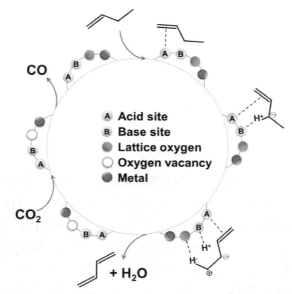

图 4-4　在 γ-Al_2O_3 负载的 Fe 基催化剂表面 CO_2 氧化丁烯脱氢生成丁二烯的反应机理示意图

4.5　动力学研究

对前面章节中活性较优的 FeVCrO$_x$/10%ZnCl$_2$/Al$_2$O$_3$ 催化剂与 FeVCrO$_x$/Al$_2$O$_3$ 催化剂进行动力学研究并作比较。结果表明,该反应符合零级反应动力学,丁烯在催化剂表面为强吸附,催化剂比表面积增大有利于丁烯转化率的提高。具体研究过程如下,实验条件见表 4-1。

为改善催化剂床层等温性和保证反应器内良好的流动状态,按精确恒温段体积加入相同目数的石英砂对催化剂床层进行稀释。经核算,床层稀释后满足理想活塞流要求。

表 4-1　动力学实验条件

项目	数据
系统压力(kPa)	101.325
温度(℃)	600
总流速(mL/min)	42、47、52、57、62
丁烯-CO_2 进料比	1:9
催化剂	20~30 目,0.2 g

变换流速是在丁烯转化率稳定的情况下进行的,实验数据分析取平均值。动力学实验中,投料丁烯摩尔流率如式(4-1)所示。在动力学实验条件下利用动力学模型计算不同的停留时间[如式(4-2)所示],如果丁烯氧化脱氢反应路径为零级反应,则式(4-3)两边同时除以 c_{A0},得到式(4-4),积分后求得式(4-5)。

$$F = \frac{pV}{RT} \tag{4-1}$$

$$t = \frac{W}{F} \tag{4-2}$$

$$k_A = \frac{-dc_A}{dt} \tag{4-3}$$

$$\frac{-dc_A/c_{A0}}{dt} = \frac{k_A}{c_{A0}} = K \tag{4-4}$$

$$\frac{c_A}{c_{A0}} = -Kt + 1 \tag{4-5}$$

式中：F 为丁烯摩尔流率，mol/h；W 为催化剂质量，g；k_A 为丁烯氧化脱氢反应的速率常数，mol/(g·h)；c_A 为丁烯相对浓度；c_{A0} 为丁烯初始浓度，设 $c_{A0}=1$；t 为停留时间；K 为常数。由图 4-5 可见，无论是否调变催化剂，丁烯相对浓度与停留时间之间都表现出良好的线性关系（$R^2 > 0.999$），说明在本实验条件下零级反应模型同样适用于 $ZnCl_2$ 调变的丁烯氧化脱氢反应，由所得直线斜率乘以 c_{A0} 的绝对值（相反数）可以求得不同催化剂下丁烯氧化脱氢反应的速率常数 k_A，结果列于表 4-2 中。可以看出，改性前催化剂比 $ZnCl_2$ 改性后催化剂的 k_A 值高，分析得出 $ZnCl_2$ 调变对催化剂催化丁烯氧化脱氢反应的表面反应转化率有影响。

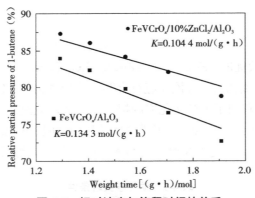

图 4-5 相对浓度与停留时间的关系

在化学中，零级反应指反应速率与反应物浓度的零次方成正比的化学反应，其特点是反应速率与反应物浓度无关。已知的零级反应中表面催化反应是最多的，如氨在 W、Fe 等催化剂表面上的分解反应。由于反应只在催化剂表面进行，因此反应速率只与表面状态有关。

所得反应速率常数 k_A 取决于固体催化剂的有效表面活性位，常见的零级反应，如表面催化反应，反应物总是过量的。

动力学分析表明，在本实验条件下，丁烯在 $FeVCrO_x/Al_2O_3$ 与 $ZnCl_2$ 调变后得到的催化剂 $FeVCrO_x/10\%ZnCl_2/Al_2O_3$ 上的氧化脱氢反应可用零级模型描述，说明氧化脱氢反应可能是催化剂表面强吸附，计算得到的反应速率常数 $k_{A1} > k_{A2}$，说明丁烯转化率 $\varphi_{A1} > \varphi_{A2}$，解释了数据中 $ZnCl_2$ 调变后催化剂丁烯转化率降低的原因。

表 4-2　丁烯在 0.2 g 未调变与调变催化剂上的氧化脱氢反应的动力学分析

催化剂	反应速率常数 k_A [mol/(g·h)]
$FeVCrO_x/Al_2O_3$	0.134
$FeVCrO_x/10\%ZnCl_2/Al_2O_3$	0.104

4.6　本章小结

通过催化剂设计及实验研究,我们得出 Al_2O_3 负载 Fe 基催化剂催化 CO_2 氧化丁烯脱氢的反应机理为:①丁烯在 γ-Al_2O_3 表面的 L 酸位上吸附并活化;②丁烯的 α-H 被 γ-Al_2O_3 表面的碱性位抽取形成碳负离子;③另一分子氢被晶格氧抽取,与此同时生成了目标产物丁二烯和水,晶格氧被还原为氧空穴;④ CO_2 吸附在催化剂的氧空穴上并将其重新氧化为晶格氧,自身则转化为 CO。

另外,通过动力学研究发现 Al_2O_3 负载 Fe 基催化剂催化 CO_2 氧化丁烯脱氢的反应符合零级反应动力学,丁烯在催化剂表面为强吸附,催化剂比表面积增大有利于丁烯转化率的提高。

第5章 CO_2 氧化丁烯脱氢制丁二烯的催化新材料

5.1 引言

近年来,随着材料合成技术的发展以及材料领域与催化领域的深度交叉融合,大量新型催化材料不断涌现。目前,新型催化材料的研发已经成为解决当今世界能源、清洁生产和环境等重大问题的前提和核心。不可否认,新型催化材料是开发新型催化剂和新工艺、创新原始技术的源泉,新型催化材料的成功应用势必会助力高效催化剂的开发。

本章主要介绍了两类新型催化材料(规整有序介孔材料和新型炭材料)在 CO_2 氧化丁烯脱氢制丁二烯新工艺中的应用,并探讨了这两类新型催化材料的构效关系,为新型高效催化剂的开发提供理论与实验基础。

5.2 规整有序介孔材料在 CO_2 氧化丁烯脱氢反应中的应用

规整有序介孔材料 Al_2O_3 具有孔道结构均一、比表面积大、孔径可调、表面存在大量 L 酸等特性,广泛应用于催化和其他化学领域,引起了众多研究者的关注。以介孔 Al_2O_3 为载体制备催化剂催化 CO_2 氧化丁烯脱氢制丁二烯反应,有望借助载体特殊的物理结构提高催化剂的催化性能。另外,据文献报道,通过自组装方法一步合成的 Al_2O_3 负载金属氧化物具有孔道结构规整、比表面积大、孔径大和热稳定性良好等特征。选用此方法进行含 Fe_2O_3 介孔 Al_2O_3 的制备,有望提高催化剂的活性和稳定性。

5.2.1 掺杂 Fe 的规整介孔 Al_2O_3 催化剂的制备与研究

在 CO_2 氧化低链烷烃脱氢反应的研究工作中,人们发现催化剂中载体的物理化学性质及活性组分形态对其催化性能有着重要影响。在 CO_2 氧化丁烯脱氢反应的研究工作中,人们亦发现 Fe_2O_3 催化剂在引入载体 Al_2O_3 后由于活性组分分散性的提高及酸性的增加,其催化活性明显提高,但是载体的孔道结构对活性组分形态以及催化活性的影响未见报道。因此本章设计并合成了掺杂 Fe 的规整介孔 Al_2O_3 材料(Meso-FeAl),同时制备了规整介孔 Al_2O_3 材料(Meso-Al_2O_3)。将以上材料用于 CO_2 氧化丁烯脱氢反应中,研究了载体孔道结构及活性组分形态对催化性能的影响。

对制备出的 Meso-Al_2O_3、Meso-FeAl、Fe_2O_3/Meso-Al_2O_3、Fe_2O_3/γ-Al_2O_3 进行了 N_2 物理吸附和脱附表征,吸附等温线和孔径分布结果见图5-1。从图5-1(c)中可以看出,Meso-Al_2O_3、Meso-FeAl 和 Fe_2O_3/Meso-Al_2O_3 的吸附-脱附等温线为具有 H1 型迟滞环的Ⅳ型等温线，而 Fe_2O_3/γ-Al_2O_3 催化剂的吸附-脱附等温线为具有 H2 型迟滞环的Ⅳ型等温线，这两种等温线均是介孔结构的特征，证明本研究成功合成了具有介孔结构的 Meso-Al_2O_3、Meso-FeAl、Fe_2O_3/Meso-Al_2O_3 和 Fe_2O_3/γ-Al_2O_3 样品。图 5-1（d）是 Meso-Al_2O_3、Meso-FeAl、Fe_2O_3/Meso-Al_2O_3、Fe_2O_3/γ-Al_2O_3 的孔径分布图，从图中可看出 4 组样品的孔径分布狭窄，介孔孔径均主要分布在 2~20 nm 范围内。

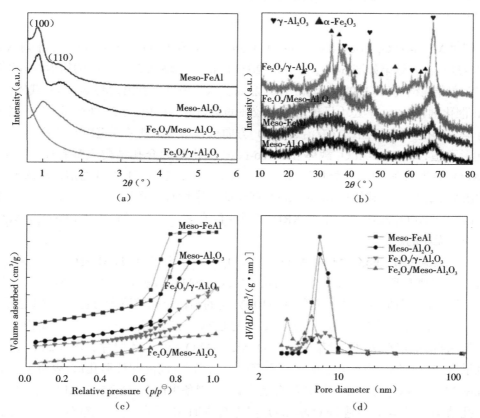

图 5-1　Meso-Al_2O_3、Meso-FeAl、Fe_2O_3/Meso-Al_2O_3 和 Fe_2O_3/γ-Al_2O_3 的性能表征
（a）小角 XRD 谱图　（b）广角 XRD 谱图　（c）N_2 吸附-脱附等温线　（d）孔分布曲线

Meso-Al_2O_3、Meso-FeAl、Fe_2O_3/Meso-Al_2O_3 和 Fe_2O_3/γ-Al_2O_3 的结构参数见表 5-1。传统的 Fe_2O_3/γ-Al_2O_3 催化剂的比表面积为 185 m^2/g，孔容为 0.56 cm^3/g，平均孔径为 7.4 nm。而一步法制备的 Meso-FeAl 催化剂和 Meso-Al_2O_3 催化剂的比表面积、孔容及孔径均较大。Meso-FeAl 催化剂的比表面积为 382 m^2/g，孔容为 0.92 cm^3/g，平均孔径为 9.7 nm。未负载活性组分前，Meso-Al_2O_3 的比表面积为 312 m^2/g，孔容为 0.81 cm^3/g，平均孔径为 10.3 nm。负载 Fe_2O_3 后的 Meso-Al_2O_3 的比表面积从 312 m^2/g 降至 226 m^2/g，孔容从 0.81 cm^3/g 降至 0.34 cm^3/g，平均孔径从 10.3 nm 降至 5.9 nm。这说明活性组分进入 Meso-Al_2O_3 的孔道中了。

表 5-1　Meso-FeAl、Meso-Al$_2$O$_3$、Fe$_2$O$_3$/Meso-Al$_2$O$_3$ 和 Fe$_2$O$_3$/γ-Al$_2$O$_3$ 的结构参数和铁含量

Sample	BET area (m^3/g)	Volume (cm^3/g)	Diameter (nm)	Loading of Fe[a] (%)
Meso-FeAl	382	0.92	9.7	5.23
Meso-Al$_2$O$_3$	312	0.81	10.3	0.00
Fe$_2$O$_3$/Meso-Al$_2$O$_3$	226	0.34	5.9	4.18
Fe$_2$O$_3$/γ-Al$_2$O$_3$	185	0.56	7.4	4.59

[a] Loading of Fe was determined by ICP.

分别对 Meso-Al$_2$O$_3$、Meso-FeAl、Fe$_2$O$_3$/Meso-Al$_2$O$_3$ 和 Fe$_2$O$_3$/γ-Al$_2$O$_3$ 进行了小角 X 射线衍射（XRD）表征，结果如图 5-1（a）所示。$2\theta=1°$ 的衍射峰和 $2\theta=1.5°$ 的衍射峰分别归属于二维六方介孔结构的（100）晶面和（110）晶面。从图中可以看出，Meso-Al$_2$O$_3$ 载体和 Meso-FeAl 催化剂在 $2\theta=1°$ 处均呈现出一个较强的衍射峰，在 $2\theta=1.5°$ 处均呈现出一个较弱的衍射峰，说明这 2 组样品均含有沿着 [100] 方向呈六角形排列的孔道以及沿着 [110] 方向的圆柱形孔道，即 Meso-Al$_2$O$_3$ 载体和 Meso-FeAl 催化剂的介孔结构规整有序。而 Fe$_2$O$_3$/Meso-Al$_2$O$_3$ 催化剂在 $2\theta=1°$ 处仍呈现出较强的衍射峰，但 $2\theta=1.5°$ 处的衍射峰却消失，说明活性组分 Fe$_2$O$_3$ 的负载使得 Meso-Al$_2$O$_3$ 载体的有序性有所降低，但仍然保持着一定的规整度。Fe$_2$O$_3$/γ-Al$_2$O$_3$ 催化剂的小角 XRD 谱图并没有表现出衍射峰，说明 Fe$_2$O$_3$/γ-Al$_2$O$_3$ 的介孔结构是无序的。

又对 Meso-FeAl、Fe$_2$O$_3$/Meso-Al$_2$O$_3$ 和 Fe$_2$O$_3$/γ-Al$_2$O$_3$ 进行了 TEM 表征，结果见图 5-2，由此可以直观地看到 3 组样品的孔道结构。Meso-FeAl 的 TEM 照片如图 5-2（a）所示，沿着 [100] 方向呈六角形排列的孔道和沿 [110] 方向的圆柱形孔道清晰可见，进一步证明了规整介孔结构的存在。图 5-2（b）是 Meso-FeAl 的 EDS 元素分布图，从图中可以看出 Fe 元素高度分散，直接锚定在 Al$_2$O$_3$ 骨架中。Fe$_2$O$_3$/Meso-Al$_2$O$_3$ 的 TEM 照片见图 5-2（c），仍然能观察到沿着 [100] 方向呈六角形排列的孔道和沿 [110] 方向的圆柱形孔道，表明负载 Fe$_2$O$_3$ 的过程中 Meso-Al$_2$O$_3$ 的介孔结构并没有遭到破坏，制备出的 Fe$_2$O$_3$/Meso-Al$_2$O$_3$ 催化剂具有规整介孔结构。图 5-2（d）是 Fe$_2$O$_3$/γ-Al$_2$O$_3$ 催化剂的 TEM 照片，可以观察到 γ-Al$_2$O$_3$ 孔道结构无序，且表面负载着明显的颗粒，因此 Fe$_2$O$_3$/γ-Al$_2$O$_3$ 不具备规整的介孔结构。Meso-FeAl、Fe$_2$O$_3$/Meso-Al$_2$O$_3$ 和 Fe$_2$O$_3$/γ-Al$_2$O$_3$ 的 TEM 表征结果与小角 XRD 表征结果一致。

为了观察 Meso-FeAl、Fe$_2$O$_3$/Meso-Al$_2$O$_3$ 和 Fe$_2$O$_3$/γ-Al$_2$O$_3$ 的分散性质，分别对其进行了广角 XRD 表征，结果见图 5-1（b）。从图中可以看出，3 组样品在 $2\theta=36.7°$、$39.5°$、$45.6°$、$61.0°$ 和 $67.0°$ 处均出现了 γ-Al$_2$O$_3$ 的特征衍射峰（JCPDS Card No. 45-1131），说明这 3 种催化剂中的 Al$_2$O$_3$ 载体都是 γ-Al$_2$O$_3$。Fe$_2$O$_3$/γ-Al$_2$O$_3$ 催化剂在 $2\theta=24.1°$、$33.2°$、$35.6°$、$40.8°$、$49.5°$、$54.1°$、$62.4°$ 和 $64.0°$ 处均表现出了 α-Fe$_2$O$_3$ 的特征衍射峰（JCPDS Card No. 33-0664），说明 Fe 元素是以 α-Fe$_2$O$_3$ 的形式分布在 γ-Al$_2$O$_3$ 上的。Fe$_2$O$_3$/Meso-Al$_2$O$_3$ 催化剂的 XRD 谱图上只在 $35.6°$ 处出现了一个 α-Fe$_2$O$_3$ 的特征衍射峰。而 Meso-FeAl 催化剂上没有出现任何形式 Fe 元素的特征衍射峰，说明 Meso-FeAl 催化剂中 Fe 元素的分散度最高。

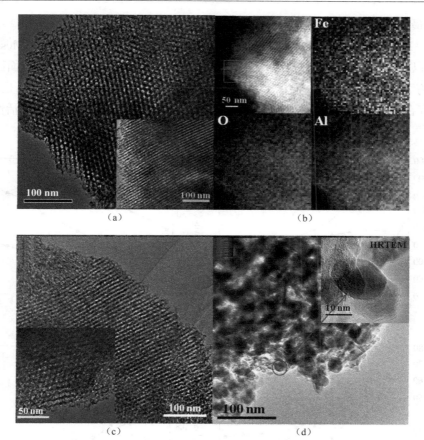

图 5-2 Meso-FeAl、Fe_2O_3/Meso-Al_2O_3 和 Fe_2O_3/γ-Al_2O_3 的 TEM 照片及 Meso-FeAl 的 EDS 元素分布图
(a)Meso-FeAl 的 TEM 照片 (b)Meso-FeAl 的 EDS 元素分布图
(c)Fe_2O_3/Meso-Al_2O_3 的 TEM 照片 (d)Fe_2O_3/γ-Al_2O_3 的 TEM 照片

综上可知，Fe_2O_3/γ-Al_2O_3 的孔道结构为无定形的介孔结构，Fe_2O_3/Meso-Al_2O_3 和 Meso-FeAl 的孔道结构均为规整介孔结构。通过分析可知，介孔 Al_2O_3 的规整孔道结构以及大比表面积更有利于提高活性组分 α-Fe_2O_3 在载体上的分散度，并且 Meso-FeAl 中直接锚定在 Al_2O_3 骨架的 α-Fe_2O_3 分散度比 Fe_2O_3/Meso-Al_2O_3 中表面负载的 α-Fe_2O_3 分散度更高。

Meso-FeAl、Fe_2O_3/Meso-Al_2O_3 和 Fe_2O_3/γ-Al_2O_3 3 组催化剂中 Fe 元素的理论负载量均为 5%。对 Meso-FeAl、Fe_2O_3/Meso-Al_2O_3 和 Fe_2O_3/γ-Al_2O_3 进行 ICP 表征，以检测 3 组催化剂中 Fe 元素的真实负载量，结果见表 5-1。Meso-FeAl 中 Fe 元素的真实负载量是 5.23%，Fe_2O_3/Meso-Al_2O_3 中 Fe 元素的真实负载量为 4.18%，而 Fe_2O_3/γ-Al_2O_3 中 Fe 元素的真实负载量是 4.59%。Meso-FeAl 催化剂与 Fe_2O_3/γ-Al_2O_3 催化剂中活性组分 Fe 的负载量大体相当。因此，这 2 组催化剂对 CO_2 氧化丁烯脱氢制备丁二烯的催化活性具有可比性。

分别对 Meso-FeAl、Fe_2O_3/Meso-Al_2O_3 和 Fe_2O_3/γ-Al_2O_3 3 组催化剂进行催化 CO_2 氧化丁烯脱氢制备丁二烯的活性评价，它们的催化性能如图 5-3 所示。以丁二烯的收率为衡量催化剂催化活性高低的指标。从图中可以看出一步合成的 Meso-FeAl 催化剂的催化活性最高,稳定性最好。Meso-FeAl 的催化活性比 Fe_2O_3/γ-Al_2O_3 催化活性高 78%。

通过一步合成法制备的 Meso-FeAl 催化剂的催化活性最高,是因为 Meso-FeAl 中 α-Fe_2O_3 是以掺杂的形式直接锚定在 Al_2O_3 体系中的,因此其尺寸更小,活性表面区域更大,稳定性更好,反应活性更高。而 Fe_2O_3/Meso-Al_2O_3 和 Fe_2O_3/γ-Al_2O_3 中 α-Fe_2O_3 是在附着力的作用下存在于介孔 Al_2O_3 孔道中的,α-Fe_2O_3 在载体表面容易迁移流失,因此活性较低,稳定性较差。

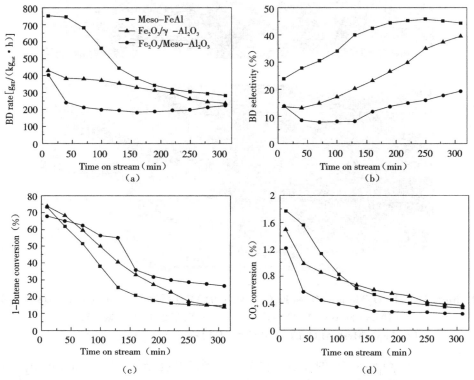

图 5-3　Meso-FeAl、Fe_2O_3/γ-Al_2O_3 和 Fe_2O_3/Meso-Al_2O_3 的催化性能
(a)丁二烯收率　(b)丁二烯选择性　(c)丁烯选择性　(d)CO_2 转化率

综上可见,本研究成功合成了具有大比表面积和规整介孔孔道结构的 Meso-FeAl 和 Fe_2O_3/Meso-Al_2O_3 催化剂。Meso-FeAl 的比表面积和 α-Fe_2O_3 分散度均比 Fe_2O_3/Meso-Al_2O_3 高,这是因为 Meso-FeAl 中 α-Fe_2O_3 是以掺杂的形式直接锚定在 Al_2O_3 骨架中的,而 Fe_2O_3/Meso-Al_2O_3 中 α-Fe_2O_3 是在附着力的作用下负载在 Meso-Al_2O_3 表面的。与传统的 Fe_2O_3/γ-Al_2O_3 催化剂相比,具有规整介孔孔道结构的 Meso-FeAl 催化剂的催化活性和稳定性均有提高,其催化活性比 Fe_2O_3/γ-Al_2O_3 催化剂高 78%。这是 Meso-FeAl 的活性组分高度分散的结果。

5.2.2 掺杂 Ce 的规整介孔 Al_2O_3 负载 Fe 基催化剂的制备与研究

为了提高催化剂的储氧量以提高催化剂的 CO_2 活化能力,进一步合成了掺杂 Ce 的规整介孔 Al_2O_3 材料,并用作本体系催化剂的载体,记作 Fe_2O_3/Meso-CeAl-n(n = 10、50、100、120,其中 n 为 Ce 的负载量)。对此类催化剂进行了 N_2 物理吸附和脱附表征,其结果见图 5-4 和表 5-2。由此可以看出所合成材料具备介孔结构特征,且活性组分 Fe 的负载量相当,约为 10%。

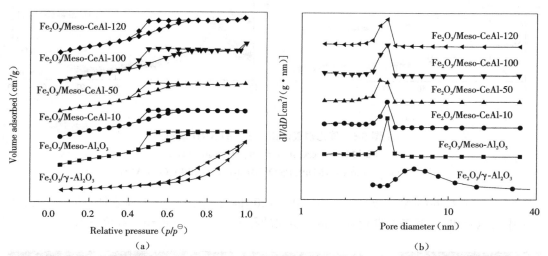

图 5-4 Fe_2O_3/Meso-CeAl-n(n = 10、50、100、120)、Fe_2O_3/Meso-Al_2O_3 和 Fe_2O_3/γ-Al_2O_3 的性能表征
(a)N_2 吸附-脱附等温线 (b)孔分布曲线

表 5-2 Fe_2O_3/Meso-CeAl-n (n = 10、50、100、120)、Fe_2O_3/Meso-Al_2O_3 和 Fe_2O_3/γ-Al_2O_3 的结构参数和 Fe、Ce 含量

Sample	BET area (m²/g)	Pore volume (cm³/g)	Average pore diameter (nm)	Loading of Fe[a] (%)	Loading of Ce[a] (%)
Fe_2O_3/Meso-CeAl-10	151	0.12	3.8	10.24	5.58
Fe_2O_3/Meso-CeAl-50	114	0.13	3.4	10.74	2.44
Fe_2O_3/Meso-CeAl-100	129	0.16	3.8	10.25	0.99
Fe_2O_3/Meso-CeAl-120	165	0.15	3.8	9.11	0.93
Fe_2O_3/Meso-Al_2O_3	181	0.17	3.8	9.18	—
Fe_2O_3/γ-Al_2O_3	132	0.43	6.5	9.40	—

[a] Loadings of Fe and Ce were determined by ICP.

对 Fe_2O_3/Meso-CeAl-n(n = 10、50、100、120)催化剂进行了 XRD 表征,结果见图 5-5。图中未出现任何 Fe 或 Ce 的特征衍射峰,说明 Fe 和 Ce 高度分散。相比较之下,Fe_2O_3/

γ-Al_2O_3 和 Fe_2O_3/Meso-Al_2O_3 催化剂却呈现出 Fe 的特征衍射峰,说明 Meso-CeAl 载体具有提高活性组分散性的能力。

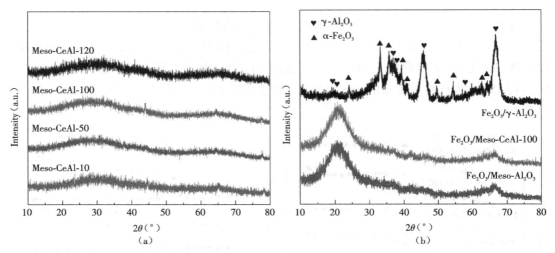

图 5-5 催化剂载体和催化剂的 XRD 谱图
(a) Meso-CeAl-n (n = 10、50、100、120)
(b) Fe_2O_3/Meso-CeAl-100、Fe_2O_3/Meso-Al_2O_3 和 Fe_2O_3/γ-Al_2O_3

对 Fe_2O_3/Meso-CeAl-n (n = 10、50、100、120) 催化剂进行了 TEM 表征,结果见图 5-6。从图中可以看出,所制备的催化剂具备蠕虫状的孔道结构,且活性组分高度分散。

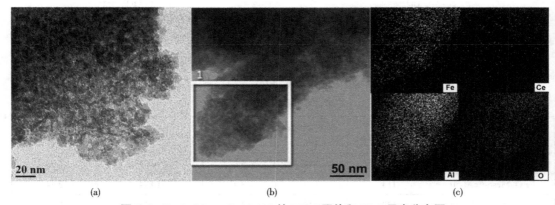

图 5-6 Fe_2O_3/Meso-CeAl-100 的 TEM 照片和 EDS 元素分布图
(a)、(b) TEM 照片 (c) EDS 元素分布图

采用 XPS 对 Fe_2O_3/Meso-CeAl-100、Fe_2O_3/Meso-Al_2O_3 和 Fe_2O_3/γ-Al_2O_3 催化剂的储氧能力进行了表征,结果见图 5-7 和表 5-3。由此可知,Fe_2O_3/Meso-CeAl-100 的晶格氧含量和晶格氧流动性都优于另外 2 种催化剂,说明 Ce 的引入有利于催化剂储氧能力的提高,这将有利于催化 CO_2 氧化丁烯脱氢反应的进行。

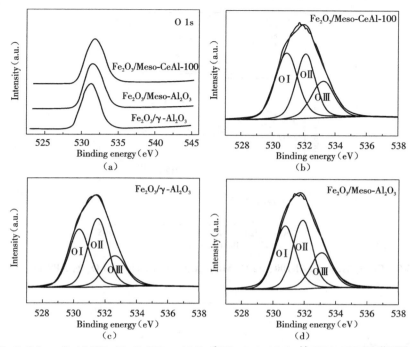

图 5-7 Fe_2O_3/Meso-CeAl-100、Fe_2O_3/Meso-Al_2O_3 和 Fe_2O_3/γ-Al_2O_3 的 XPS O 1s 总谱图和解迭谱图
（a）总谱图 （b）~（d）Fe_2O_3/Meso-CeAl-100、Fe_2O_3/Meso-Al_2O_3 和 Fe_2O_3/γ-Al_2O_3 的 XPS O 1s 谱图

表 5-3 Fe_2O_3/Meso-CeAl-100、Fe_2O_3/Meso-Al_2O_3 和 Fe_2O_3/γ-Al_2O_3 的 XPS O 1s 结果

Sample	O I		O II		O III	
	Binding energy (eV)	Content (%)	Binding energy (eV)	Content (%)	Binding energy (eV)	Content (%)
Fe_2O_3/Meso-CeAl-100	530.90	41.8	532.12	34.8	533.22	23.4
Fe_2O_3/Meso-Al_2O_3	530.78	39.3	531.90	38.6	533.10	22.1
Fe_2O_3/γ-Al_2O_3	530.38	37.7	531.55	41.1	532.64	21.2

采用 XPS 对 Fe_2O_3/Meso-CeAl-100、Fe_2O_3/Meso-Al_2O_3 和 Fe_2O_3/γ-Al_2O_3 催化剂中 Fe 的电子云密度进行了表征，结果见图 5-8。由此可知，Fe_2O_3/Meso-CeAl-100 中 Fe 的电子云密度高于另外 2 种催化剂。这说明 Ce 的引入有利于催化剂中 Fe 电子云密度的提高，这将有利于催化剂对 CO_2 的活化。为了验证这一点，对这些催化剂进行了 CO_2-TPD 表征，结果见图 5-9。由此可见，Ce 的引入确实提高了催化剂对 CO_2 的吸附能力。

另外，由于催化剂表面酸性也是影响催化剂性能的一个因素，因此对这些催化剂进行了 NH_3-TPD 表征，结果见图 5-10。由此可见，Ce 的引入对催化剂酸性的影响并不大。催化剂性能情况见表 5-4。从结果可知，所合成的 Fe_2O_3/Meso-CeAl 类催化剂的性能优于另外 2 种催化剂。

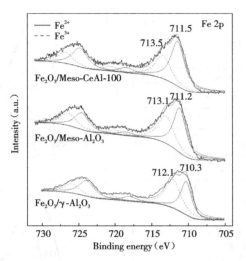

图 5-8　Fe_2O_3/Meso-CeAl-100、Fe_2O_3/Meso-Al_2O_3 和 Fe_2O_3/γ-Al_2O_3 的 XPS Fe 2p 谱图

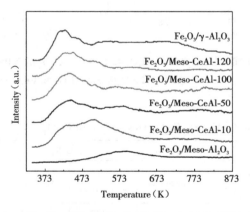

图 5-9　Fe_2O_3/Meso-CeAl-n (n = 10、50、100、120)、Fe_2O_3/Meso-Al_2O_3 和 Fe_2O_3/γ-Al_2O_3 的 CO_2-TPD 谱图

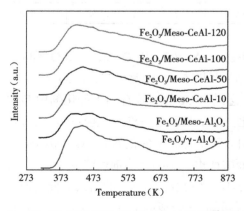

图 5-10　Fe_2O_3/Meso-CeAl-n (n = 10、50、100、120)、Fe_2O_3/Meso-Al_2O_3 和 Fe_2O_3/γ-Al_2O_3 的 NH_3-TPD 谱图

表 5-4　Fe_2O_3/Meso-CeAl-n (n = 10、50、100、120)、Fe_2O_3/Meso-Al_2O_3 和 Fe_2O_3/γ-Al_2O_3 的催化性能

Sample	BD rate [g_{BD}/($kg_{cat}\cdot h$)]	Conversion (%)		Selectivity (%)			
		CO_2	1-Butene	BD	trans-2-butene	cis-2-butene	C1~C3
Fe_2O_3/Meso-CeAl-10	1 777	15	85	48	26	21	5
Fe_2O_3/Meso-CeAl-50	1 740	13	84	48	27	21	4
Fe_2O_3/Meso-CeAl-100	1 879	14	85	51	25	20	4
Fe_2O_3/Meso-CeAl-120	1 569	11	81	45	28	23	4
Fe_2O_3/Meso-Al_2O_3	917	6	83	25	40	31	4
Fe_2O_3/γ-Al_2O_3	575	3	75	18	44	35	3

综上可知，本研究成功合成了掺杂 Ce 的规整介孔 Al_2O_3 负载 Fe 基催化剂，该催化剂表现出优异的催化性能。结合催化剂的表征结果可知，Ce 元素的引入可以进一步提高催化剂的储氧能力、活性组分分散性以及对 CO_2 的吸附、活化能力，这些都有利于催化反应的进行。

5.3　新型炭材料在 CO_2 氧化丁烯脱氢反应中的应用

用氮元素（N）来增强碳（C）与铁（Fe）之间的相互作用而形成的高分散、高稳定铁氮碳材料（记为 Fe-NC），具有可媲美金属 Pt 的特性，其在能源储存和转换、电化学催化等领域的应用引起了人们的强烈兴趣。Fe-NC 材料主要通过铁源、氮源和碳源的高温热解而制得。近年来，将借助 ZIF-8 沸石咪唑框架衍生的掺氮多孔碳球作为分子尺度的笼子用于分离和封装 Fe 源以制备高分散 Fe-NC 材料的研究日益广泛。用该方法制备 Fe-NC 材料，不仅能有效地防止催化过程中 Fe 的迁移和团聚，而且能让催化剂获得最大原子效率和暴露最多的活性位点，从而具有优良的催化活性和稳定性。

5.3.1　掺氮碳笼锚定纳米铁催化剂的合成与表征

本研究将 ZIF-8（腔径为 11.6 nm，孔径为 3.4 nm）作为分子尺度的笼子用于分离和封装乙酰丙酮铁（分子直径约为 9.7 nm）并使之热解，从而制备出一系列高分散的 Fe-NC 催化剂。将该系列催化剂用于催化 CO_2 氧化丁烯脱氢制丁二烯的反应，可探究炭材料负载高分散 Fe 基催化剂对该体系稳定性的影响。

ZIF-8、Fe(acac)$_3$-0.01@ZIF-8 [其中 Fe(acac)$_3$ 表示乙酰丙酮铁] 及其衍生的 $Fe_{0.01}$-NC 的漫反射紫外可见吸收光谱如图 5-11(a) 所示。Fe(acac)$_3$-0.01@ZIF-8 在 353 nm 和 443 nm 附近出现紫外可见光的吸收波段，与 Fe(acac)$_3$ 显示出一致的吸收波段。结合 ZIF-8 和 $Fe_{0.01}$-NC 的紫外可见吸收光谱可知，Fe(acac)$_3$ 被成功地封装在 ZIF-8 的腔内。

NC、$Fe_{0.01}$-NC 和 $Fe_{0.02}$-NC 的 XRD 图谱如图 5-11(b) 所示。所有样品都在 20°~30° 和

40°~50°处出现了宽的肩峰,对应于无定形碳的特征衍射峰,该特征峰来自 ZIF-8 焙烧后衍生的 NC。$Fe_{0.01}$-NC 和 $Fe_{0.02}$-NC 的 XRD 图谱中并未观察到 Fe 的特征衍射峰,表明 Fe 可能高度分散在 NC 上。

NC、$Fe_{0.01}$-NC 和 $Fe_{0.02}$-NC 的 N_2 吸附-脱附等温线和孔径分布图分别如图 5-11(c) 和 (d) 所示。由图可知,NC、$Fe_{0.01}$-NC 和 $Fe_{0.02}$-NC 符合 I~IV 型等温线的特征,属于微孔-介孔复合材料,主要表现出介孔材料的性质。表 5-5 总结了 3 种材料的结构参数。3 种材料都有较大的比表面积,平均孔径为 3.9 nm,这为丁烯的吸附与活化提供了较好的反应位点。与 NC 相比,$Fe_{0.01}$-NC 和 $Fe_{0.02}$-NC 的比表面积和孔容都有减小,表明活性组分 Fe 已被成功地负载在 NC 上。

NC 和 $Fe_{0.01}$-NC 的 SEM 照片如图 5-12 所示。在 15 000 的放大倍数下能清晰地看到 NC 和 $Fe_{0.01}$-NC 的微观形貌是多面体立体块状结构,且大小相对均一,这与 ZIF-8 的结构一样。由此可知,$Fe(acac)_3$ 的引入并未改变 ZIF-8 的形成过程,$Fe(acac)_3$-0.01@ZIF-8 通过高温焙烧后衍生的 $Fe_{0.01}$-NC 延续了前驱体稳定的结构骨架。

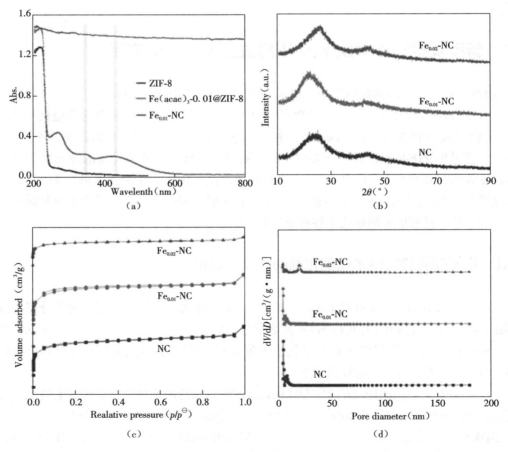

图 5-11 UV-Vis、XRD 和 N_2 物理吸附和脱附表征结果
(a)漫反射 UV-Vis 吸收光谱 (b)XRD 图谱 (c)N_2 吸附-脱附等温线 (d)孔径分布图

表 5-5　Fe-NC 催化剂的 N_2 物理吸附和脱附表征结果

催化剂	比表面积 (m^2/g)	平均孔径 (nm)	微孔比表面积 (m^2/g)	微孔孔容 (cm^3/g)	介孔比表面积 (m^2/g)	介孔孔容 (cm^3/g)
NC	624	3.9	558	0.23	26	0.08
$Fe_{0.01}$-NC	539	3.9	506	0.20	18	0.05
$Fe_{0.02}$-NC	503	3.9	464	0.18	17	0.04

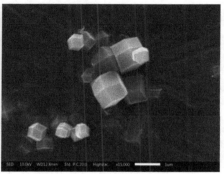

(a)　　　　　　　　　　　　(b)

图 5-12　NC 与 $Fe_{0.01}$-NC 催化剂的 SEM 照片

(a) NC　(b) $Fe_{0.01}$-NC

$Fe_{0.01}$-NC 的 TEM 照片及其元素分布图如图 5-13 所示。从图中可以看出，Fe 高度分散在 NC 材料上。结合漫反射紫外可见吸收光谱、XRD 和 N_2 物理吸附和脱附表征的结果，证明了高分散 Fe 的掺氮碳球 $Fe_{0.01}$-NC 催化剂的成功制备。

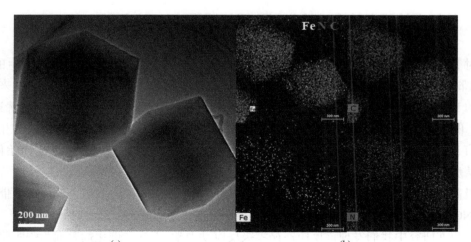

(a)　　　　　　　　　　　　(b)

图 5-13　$Fe_{0.01}$-NC 催化剂的 TEM 照片及其元素分布图

(a) TEM 照片　(b) 元素分布图

NC、$Fe_{0.01}$-NC 和 $Fe_{0.02}$-NC 的 CO_2-TPD 与 NH_3-TPD 表征结果如图 5-14 所示。从图

5-14(a)可以看出,NC 和 $Fe_{0.01}$-NC 呈现的 CO_2 脱附峰基本出现在 120 ℃、365 ℃处,我们将其分别归属为弱碱位和中强碱位,$Fe_{0.02}$-NC 催化剂也在 120 ℃处出现了弱碱位的 CO_2 脱附峰。弱碱位与中强碱位的数量呈现 NC>$Fe_{0.01}$-NC>$Fe_{0.02}$-NC 的结果,随着 Fe 量的增多,Fe-NC 的碱性位的性质改变,数量减少。从图 5-14(b)可以看出,NC、$Fe_{0.01}$-NC 和 $Fe_{0.02}$-NC 均在 80 ℃、240 ℃和 380 ℃处出现探针分子 NH_3 的脱附峰,我们分别将其归属为弱酸位、中强酸位和强酸位。按弱酸位的数量排序为 NC≈$Fe_{0.02}$-NC>$Fe_{0.01}$-NC;中强酸位与强酸位的数量都呈现 $Fe_{0.02}$-NC>NC>$Fe_{0.01}$-NC 的结果;随着 Fe 量的增多,Fe-NC 催化剂的酸性位的性质与数量出现不规律变化。

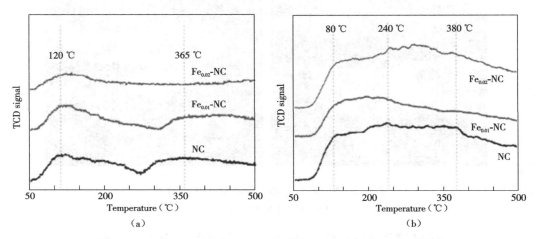

图 5-14　NC、$Fe_{0.01}$-NC 和 $Fe_{0.02}$-NC 的 CO_2-TPD 与 NH_3-TPD 图谱
(a)CO_2-TPD 图谱　(b)NH_3-TPD 图谱

5.3.2　掺氮碳笼锚定纳米铁催化剂的催化性能

对 Fe-NC 催化剂的性能评价如图 5-15 所示。从图中可以看出,由 ZIF-8 衍生的多孔 NC 球催化剂具有催化活性,同时,引入 Fe 以后其催化活性明显改变。从初始活性来看,在较低的 Fe 负载量时 $Fe_{0.01}$-NC 催化剂和 $Fe_{0.02}$-NC 催化剂对应的丁烯转化率与丁二烯选择性和 NC 催化剂相比的优势或差距不大,丁二烯的收率也相差不大,CO_2 的转化率亦相近,这些都直观体现了 $Fe_{0.01}$-NC 催化剂、$Fe_{0.02}$-NC 催化剂和 NC 催化剂具有相近的初始催化活性。从反应 6 h 的整体活性来看,所制备的 3 种催化剂在经过一个短暂的过渡期后都表现出了极高的稳定性,但是表现出了不同的催化活性。随着 Fe 量的增多,$Fe_{0.01}$-NC 催化剂、$Fe_{0.02}$-NC 催化剂和 NC 催化剂催化的反应中,丁烯转化率降低,丁二烯选择性升高。

在前期研究中我们发现该反应遵循零级反应动力学,丁烯在催化剂表面为强吸附,催化剂具有大的比表面积将有利于反应物丁烯的转化。由 N_2 物理吸附和脱附表征结果(见表 5-5)可知,随着 Fe 量的增多,NC 催化剂、$Fe_{0.01}$-NC 催化剂和 $Fe_{0.02}$-NC 催化剂比表面积依次降低,这很好地解释了 3 种催化剂催化的反应中丁烯转化率依次降低的原因。从图 5-15

(a)的活性数据结果中,我们得知 NC 催化剂、$Fe_{0.01}$-NC 催化剂和 $Fe_{0.02}$-NC 催化剂按丁烯转化率高低排序为 NC 催化剂 > $Fe_{0.01}$-NC 催化剂 > $Fe_{0.02}$-NC 催化剂。催化剂的碱性位与 CO_2 活化及丁二烯选择性存在直接联系,催化剂表面的碱性位是吸附与活化 CO_2 的活性中心,而丁二烯选择性与催化剂的 CO_2 活化能力息息相关。据报道,适量增加该体系催化剂表面的弱碱位数量不仅有利于催化剂对 CO_2 的吸附与活化,而且有利于提高丁二烯的选择性。与催化剂的 CO_2-TPD 和 NH_3-TPD 表征结果相呼应,NC 催化剂和 $Fe_{0.01}$-NC 催化剂具有大量的中强碱位,$Fe_{0.02}$-NC 催化剂只有弱碱位。NC 催化剂、$Fe_{0.01}$-NC 催化剂和 $Fe_{0.02}$-NC 催化剂按丁二烯选择性排序为 NC 催化剂 < $Fe_{0.01}$-NC 催化剂 < $Fe_{0.02}$-NC 催化剂,恰好印证了催化剂表面的弱碱位数量增多是 CO_2 活化与丁二烯选择性提高的关键。结合催化剂酸性位的性质与数量变化可知,较少的弱酸位和较多的中强酸位、强酸位不利于催化剂对丁烯的转化,即催化剂表面的弱酸位是吸附与活化丁烯的活性中心。

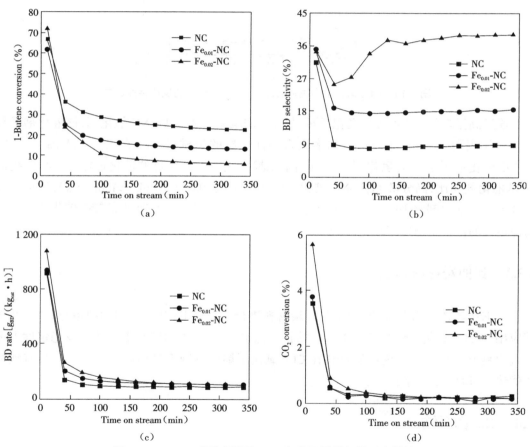

图 5-15 Fe-NC 催化剂催化 CO_2 氧化丁烯脱氢的反应性能
(a)丁烯转化率 (b)丁二烯选择性 (c)丁二烯收率 (d)CO_2 转化率

在催化 CO_2 氧化丁烯脱氢制丁二烯的反应中,将高分散的 $Fe_{0.01}$-NC 催化剂与本书第 3 章所开发的高效催化剂相比,结果如图 5-16 所示。$Fe_{0.01}$-NC 催化剂的初始 TOF 高达 0.037 7 $mol_{BD}/(mol_{Fe}·s)$,远远高于现今报道的催化剂水平[约 0.005 $mol_{BD}/(mol_{Fe}·s)$],整体趋势也具有明显的优势,高分散的 $Fe_{0.01}$-NC 催化剂的研究为未来兼备较高催化活性与较长使用寿命的催化剂的设计奠定了理论基础。

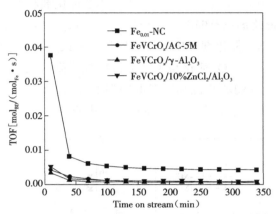

图 5-16　CO_2 氧化丁烯脱氢反应的 Fe 基催化剂的反应性能比较

通过高温热解 ZIF-8 笼装乙酰丙酮铁(Ⅲ)的策略合成了 Fe-NC 催化剂,该催化剂是具有较大比表面积、一定酸碱性位的多孔多面体结构的炭材料,Fe 在炭材料上高度分散。Fe-NC 催化剂用于 CO_2 氧化丁烯脱氢制丁二烯反应中具有优良的催化稳定性。与传统的 Fe 基催化剂相比,高分散 $Fe_{0.01}$-NC 催化剂的 TOF 高达 0.037 7 $mol_{BD}/(mol_{Fe}·s)$,远远高于现今报道的催化剂水平[约 0.005 $mol_{BD}/(mol_{Fe}·s)$]。这为未来设计兼备较高催化活性以及高稳定性的催化剂奠定了理论基础。

5.3.3　其他炭材料拓展

本书作者还对石墨烯、碳纳米管等炭材料进行了负载 Fe 基催化剂的制备与研究,并将其应用于 CO_2 氧化丁烯脱氢制丁二烯的新工艺中,发现这些材料在催化活性及稳定性上也表现出良好的性能。这说明炭材料在 CO_2 氧化丁烯脱氢制丁二烯新工艺中确实具有独特的优势,值得后续进行更加深入的研究。

5.4　本章小结

本章对新型催化材料及其在 CO_2 氧化丁烯制丁二烯新工艺中的应用进行了探索,重点研究了规整介孔 Al_2O_3 和掺氮碳笼锚定纳米铁两种催化新材料,得到了以下结论。

(1)设计合成了 Fe 掺杂的规整介孔 Al_2O_3 材料(meso-FeAl),将 Fe 元素高度分散并锚定在 Al_2O_3 骨架中,有效提高了催化剂的活性和稳定性。通过与负载型的 Fe_2O_3/meso-Al$_2$O$_3$ 和 Fe$_2$O$_3$/γ-Al$_2$O$_3$ 催化剂相比较,发现除催化剂积炭以外,反应过程中 Fe$_2$O$_3$ 的团聚也是该体系催化剂失活的重要原因之一;而可以将活性组分固定下来的有序结构有利于催化剂稳定性的提高。在此基础上,设计合成了 Ce 掺杂的规整介孔 Al$_2$O$_3$ 材料(meso-CeAl),进一步提高了催化剂的储氧能力、活性组分分散性以及对 CO$_2$ 的吸附和活化能力。

(2)设计合成了掺氮的多孔碳球用于 Fe 元素的高分散与封装,所制备的掺氮碳笼锚定纳米铁催化剂(Fe-NC)表现出优异的催化活性及超长稳定性。另外,还探索了石墨烯、碳纳米管等新型炭材料,发现炭材料在 CO$_2$ 氧化丁烯脱氢制丁二烯工艺中确实具有其独特的优势,值得后续进行更加深入的研究。

第 6 章 CO_2 氧化丁烯脱氢制丁二烯新工艺的改进

6.1 引言

CO_2 氧化丁烯脱氢制备丁二烯是一条良好的工艺路线。但是该工艺仍面临着催化剂选择性低以及积炭导致的催化剂失活、稳定性差的问题。作为一种良好的导热物,水蒸气可以移除反应中产生的热量,减少催化剂"热点"现象的发生,消除部分积炭,提高催化剂的选择性及稳定性。

本章采用向反应体系中引入水蒸气的方法改善现有的工艺,从而实现催化剂选择性及稳定性的提高。对 CO_2 氧化丁烯脱氢制备丁二烯的反应体系进行热力学计算,发现向反应体系中引入水蒸气后丁烯的平衡转化率和丁二烯的收率会有所下降。因此,如何在保证催化剂性能不受太大影响的前提下尽可能地提高催化剂的选择性及稳定性是本章的研究重点。

本章以 $FeVCrO_x/\gamma-Al_2O_3$ 为催化剂,采用固定床反应器对催化剂进行评价。将水蒸气通过高压恒流泵引入反应器,通过调变引入水蒸气量与丁烯进料量的比例,获得最佳的水烯比。此外,考察了不同反应温度及反应空速等对新工艺下催化剂性能的影响,最终得到引入水蒸气时最优的工艺条件。

6.2 引入水蒸气新工艺的热力学分析

在 CO_2 氧化丁烯脱氢制备丁二烯的反应体系中,主要存在以下反应。
目标反应:

$$1\text{-}C_4H_8 + CO_2 \longrightarrow C_4H_6 + CO + H_2O \tag{6-1}$$

直接脱氢反应:

$$1\text{-}C_4H_8 \longrightarrow C_4H_6 + H_2 \tag{6-2}$$

异构反应:丁烯转变为异丁烯、顺-2-丁烯、反-2-丁烯。
裂解反应:

$$1\text{-}C_4H_8 \longrightarrow 4/3C_3H_6 \tag{6-3}$$

$$1\text{-}C_4H_8 \longrightarrow 2C_2H_4 \tag{6-4}$$

假设这个反应体系中存在一个主反应和三个副反应,而在有些催化反应中,裂解产物较少,只有 1%~2%,不予考虑,所以以下结果只适合裂解和积炭较少的反应。

实验中丁烯压力为 $0.1p^{\ominus}$, CO_2 压力为 $0.9p^{\ominus}$,设引入的水蒸气分压为 $kp^{\ominus}$,转化为丁二

烯、异丁烯、顺-2-丁烯、反-2-丁烯所消耗的丁烯的压力为 $X_1 p^{\ominus}$、$X_2 p^{\ominus}$、$X_3 p^{\ominus}$、$X_4 p^{\ominus}$，则各反应达到平衡后丁烯的平衡压力 $p = (0.1 - \sum_{i=1}^{4} X_i) p^{\ominus}$。

根据各反应的平衡压力商等于平衡常数得出

$$J_{eq1} = \frac{X_1^2(k + X_1)}{(0.1 - \sum_{i=1}^{4} X_i)(0.9 - X_1)} = K_1 = 0.030\,52 \tag{6-5}$$

$$J_{eq2} = \frac{X_2}{0.1 - \sum_{i=1}^{4} X_i} = K_2 = 3.305 \tag{6-6}$$

$$J_{eq3} = \frac{X_3}{0.1 - \sum_{i=1}^{4} X_i} = K_3 = 2.264 \tag{6-7}$$

$$J_{eq4} = \frac{X_4}{0.1 - \sum_{i=1}^{4} X_i} = K_4 = 1.608 \tag{6-8}$$

由 $Y_1 = X_1/0.1$，得 $X_1 = 0.1 Y_1$；将式（6-6）~式（6-8）三式相加后代入式（6-5）整理得

$$\frac{0.717\,7 Y_1^2(10k + Y_1)}{(1 - Y_1)(9 - Y_1)} = 0.030\,52$$

当不引入水蒸气时，即 $k = 0$，联立式（6-5）~式（6-8）解得

$X_1 = 0.054\,635$；$X_2 = 0.020\,894$；$X_3 = 0.007\,991$；$X_4 = 0.010\,166$

丁烯平衡压力为

$$p = \left(0.1 - \sum_{i=1}^{4} X_i\right) p^{\ominus} = 0.006\,314 p^{\ominus}$$

丁烯转化率为

$$\varphi_1 = \frac{0.1 p^{\ominus} - 0.006\,314 p^{\ominus}}{0.1 p^{\ominus}} \times 100\% = 93.686\%$$

CO_2 转化率为

$$\varphi_2 = \frac{0.054\,635 p^{\ominus}}{0.9 p^{\ominus}} \times 100\% = 6.071\%$$

丁二烯的收率为

$$Y_1 = \frac{X_1 p^{\ominus}}{0.1 p^{\ominus}} \times 100\% = 54.635\%$$

异丁烯的收率为

$$Y_2 = \frac{X_2 p^{\ominus}}{0.1 p^{\ominus}} \times 100\% = 20.894\%$$

顺-2-丁烯的收率为

$$Y_3 = \frac{X_3 p^{\ominus}}{0.1 p^{\ominus}} \times 100\% = 7.991\%$$

反-2-丁烯的收率为

$$Y_4 = \frac{X_4 p^{\ominus}}{0.1 p^{\ominus}} \times 100\% = 10.166\%$$

由此计算得出各物质在理想情况下的极限转化率,即丁烯的转化率为93.686%,丁二烯的收率为54.635%,异丁烯的收率为20.894%,顺-2-丁烯的收率为7.991%,反-2-丁烯的收率为10.166%。

从大量的实验结果来看,CO_2的转化率会大于6.071%,这是由于其与生成的积炭发生化学反应,同时参与水煤气变换的过程,因此存在以下化学反应:

$$CH_2\!=\!CH\!-\!C_2H_5 \rightleftharpoons CH_2\!=\!CH\!-\!CH_3 + C + H_2 \quad (6\text{-}9)$$
$$CO_2 + C \rightleftharpoons 2CO \quad (6\text{-}10)$$
$$CO_2 + H_2 \rightleftharpoons CO + H_2O \quad (6\text{-}11)$$

即裂解反应会对CO_2的转化率产生影响。

当引入水蒸气时,按照所设计的模型$p_s = kp^{\ominus}$(水烯比为$k/0.1$),梯度加入水蒸气,即$k=0$、0.1、0.2、0.3、0.4、0.5、0.6、0.7、0.8、0.9、1.0、1.1进行计算,所得结果如表6-1所示。

表6-1 引入水蒸气的量与丁烯转化率、丁二烯选择性和丁二烯收率的关系

k值	丁烯转化率X_1	丁二烯选择性S_1	丁二烯收率Y_1
0	0.936 9	0.583 1	0.546 4
0.1	0.488 4	0.813 5	0.397 3
0.2	0.678 7	0.481 4	0.326 7
0.3	0.753 6	0.374 7	0.282 4
0.4	0.783 4	0.325 6	0.255 1
0.5	0.803 2	0.290 8	0.233 6
0.6	0.815 7	0.265 9	0.216 9
0.7	0.824 2	0.246 8	0.203 4
0.8	0.830 3	0.231 5	0.192 2
0.9	0.834 9	0.218 8	0.182 7
1.0	0.838 5	0.208 1	0.174 5
1.1	0.841 4	0.198 8	0.167 3

从表中数据可知,在不使用催化剂的情况下,随着水蒸气的引入,丁烯的转化率和丁二烯的收率均有所下降,其中丁烯的转化率随水蒸气量的增加先下降后提升。而丁二烯的选择性在$k=0.1$时达到了0.813 5,与水蒸气加入量为0时的0.583 1相比,有很大的提升。热

力学计算结果说明,水蒸气的引入会使丁烯的转化率和丁二烯的收率降低,但是适当地引入水蒸气可以提高催化剂的选择性,这是我们希望得到的结果。因此,如何在保证催化剂性能不受太大影响的前提下尽可能地提高催化剂的选择性及稳定性是引入水蒸气工艺的研究重点。

6.3 引入水蒸气新工艺的设计

使用 CO_2 作为温和的氧化剂催化氧化丁烯脱氢制备丁二烯的反应中,积炭现象明显。加入的水蒸气可以与催化剂上的积炭发生水煤气变换反应,消除积炭,从而达到延长催化剂寿命、提高丁二烯选择性的效果;同时水蒸气可以带走反应过程中反应器的热量,减少催化剂"热点"现象的发生,对生产工艺有良好的促进作用。

固定丁烯与 CO_2 的进料比,即丁烯 $/CO_2$=(6 mL/min)/(54 mL/min) = 1/9,保持丁烯的质量空速不变,即 $4.5\ g_{BD}/(g_{cat}\cdot h)$,使用高压恒流泵调节水蒸气与丁烯的进料比,水泵的流量范围为 0.001~0.005 mL/min,通过对泵的流量进行校正,最终确定液态水进料量为 0.015 mL/min、0.023 mL/min、0.025 mL/min、0.028 mL/min 和 0.030 mL/min。由此考察不同水蒸气-丁烯进料比下 CO_2 氧化丁烯脱氢反应的情况,并采用程序升温氧化方法对反应后催化剂表面的积炭进行定量分析。通过关联水蒸气-丁烯进料比与丁烯转化率、丁二烯收率、丁二烯选择性三者之间的量化关系,研究水蒸气进料量对 CO_2 氧化丁烯脱氢反应的影响。通过关联水蒸气-丁烯进料比与催化剂积炭情况的量化关系,研究水蒸气进料量对催化剂表面积炭量的影响。最后,综合考虑水蒸气进料量对催化反应以及积炭情况的影响,获得最优的水蒸气进料量,即获得最佳的水蒸气与丁烯的进料比例。

在此基础上,固定 CO_2-丁烯-水蒸气进料比,保持丁烯的质量空速不变,调节反应温度为 500 ℃、550 ℃和 600 ℃,考察不同反应温度下 CO_2 氧化丁烯脱氢反应的情况,确定最佳的反应温度。

固定 CO_2-丁烯-水蒸气进料比以及反应温度,单纯调节基于丁烯的质量空速,分别为 $3\ g_{BD}/(g_{cat}\cdot h)$、$4.5\ g_{BD}/(g_{cat}\cdot h)$、$6\ g_{BD}/(g_{cat}\cdot h)$、$9\ g_{BD}/(g_{cat}\cdot h)$、$10\ g_{BD}/(g_{cat}\cdot h)$,考察空速对 CO_2 氧化丁烯脱氢反应的影响,确定最佳的空速。

6.4 引入水蒸气新工艺的反应条件优化及效果

6.4.1 最佳水烯比的探究

为了得到 CO_2 氧化丁烯脱氢制备丁二烯新工艺中水烯比的最佳值,在使用固定床反应器进行催化剂评价时,利用高压恒流泵对液体水的进料量进行控制,对催化剂的评价结果如图 6-1 所示。

通过对实验数据进行处理,得到 $FeVCrO_x/\gamma\text{-}Al_2O_3$ 催化剂在不同水进料量情况下的丁烯转化率、丁二烯选择性、丁二烯收率和 CO_2 转化率。通过观察实验数据发现,随着水流量的增大,丁烯转化率以及丁二烯收率均呈"火山形"分布,即在水流量实际值为 0.028 8 mL/min 时,水烯比为 10∶1 时,出现极值,其中丁烯的转化率为 75.45%,超过不加入水蒸气时的转化率。一定量的水蒸气的加入避免了催化剂上"热点"现象的产生,这有利于反应过程中催化剂各部分在相同的温度下与反应物的接触,推动了催化反应的进行。由此,得出通入水蒸气时的最佳水烯比,即 10∶1。

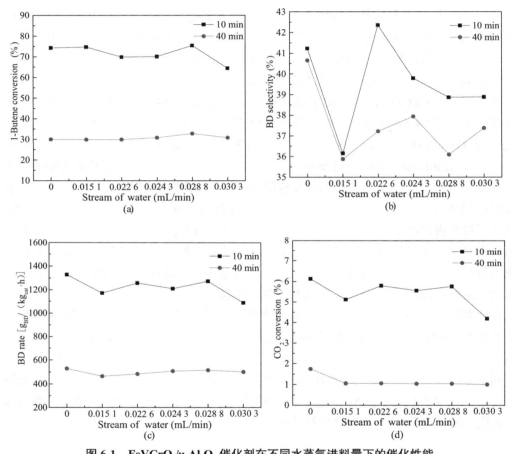

图 6-1　$FeVCrO_x/\gamma\text{-}Al_2O_3$ 催化剂在不同水蒸气进料量下的催化性能
(a)丁烯转化率　(b)丁二烯选择性　(c)丁二烯收率　(d)CO_2 转化率

6.4.2　最佳反应温度的探究

为了获得 CO_2 氧化丁烯脱氢制备丁二烯新工艺中反应温度的最佳值,分别在最佳水烯比的情况下,在 500 ℃、550 ℃和 600 ℃ 3 个温度下进行催化剂活性的评价,实验结果如图 6-2 所示。

从图中可以看出,随着反应温度的逐渐升高,丁烯转化率在 550 ℃时达到最高点,为

77%,而丁二烯选择性、丁二烯收率和 CO_2 转化率则逐渐升高。因此,对于该反应应选取 600 ℃作为反应的最佳温度。

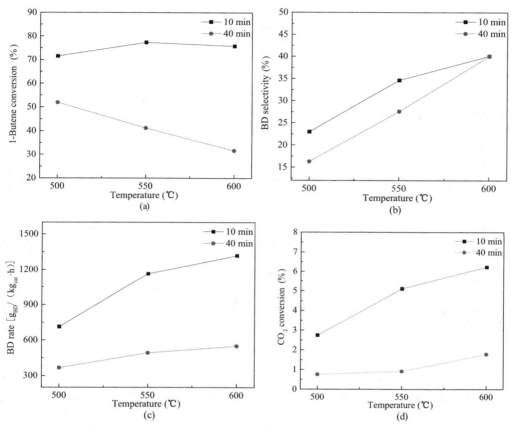

图 6-2　$FeVCrO_x/\gamma-Al_2O_3$ 催化剂在不同反应温度下的催化性能
（a）丁烯转化率　（b）丁二烯选择性　（c）丁二烯收率　（d）CO_2 转化率

6.4.3　最佳反应空速的探究

为了获得 CO_2 氧化丁烯脱氢制备丁二烯新工艺中反应空速的最佳值,在最佳水烯比和最佳反应温度下,以丁二烯对于 $FeVCrO_x/\gamma-Al_2O_3$ 催化剂的质量空速为标准,分别在 $3\,g_{BD}/(g_{cat}\cdot h)$、$4.5\,g_{BD}/(g_{cat}\cdot h)$、$6\,g_{BD}/(g_{cat}\cdot h)$、$9\,g_{BD}/(g_{cat}\cdot h)$ 和 $10\,g_{BD}/(g_{cat}\cdot h)$ 的不同空速下,考察空速对 CO_2 氧化丁烯脱氢反应的影响,确定最佳的空速,实验结果如图 6-3 所示。

从图中可以看出,随着反应空速的提高,丁烯的转化率逐渐下降,这可能是因为随着空速的提高,反应物总量的增加,同时与催化剂的接触时间减少,导致转化率的下降;随着反应空速的提高,丁二烯的选择性从所选取的 10 min 的活性点来看呈现逐渐下降的趋势,但是在 40 min 活性点呈现逐渐上升的趋势,且在空速为 $9\,g_{BD}/(g_{cat}\cdot h)$ 的情况下出现极值,可能是因为水蒸气起到了移除积炭的作用,使得催化剂在反应进行一段时间后可以部分再生,利于反应的进行;同时,从收率的实验数据可以看出,在空速为 9 $g_{BD}/(g_{cat}\cdot h)$ 的情况下丁二烯收率出现一个极值,数据曲线呈"火山形"。由此,可以得到该工艺的最佳空速为 9 $g_{BD}/(g_{cat}\cdot h)$。

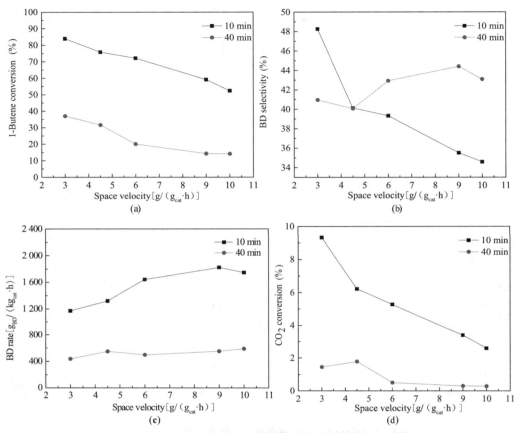

图 6-3　FeVCrO$_x$/γ-Al$_2$O$_3$ 催化剂在不同空速下的催化特性
(a)丁烯转化率　(b)丁二烯选择性　(c)丁二烯收率　(d)CO$_2$ 转化率

6.4.4　催化剂抗积炭性和稳定性的探究

为了探究水蒸气的引入对催化剂稳定性的影响,通过热重分析(TG)仪对反应体系中引入不同流量水蒸气后的 FeVCrO$_x$/γ-Al$_2$O$_3$ 催化剂进行积炭量的分析。仪器分析结果如表 6-2 和图 6-4 所示,由此可知,随着水蒸气量的不断增加,催化剂表面上的积炭量呈现下降的趋势,说明水蒸气的引入有利于积炭的消除,可以提高催化剂的稳定性。通过对催化剂进行 5 h 长周期的实验可以看出,积炭量明显减少,在最佳水烯比时,催化剂上的积炭量最少,再次印证了该点为最佳工艺点。

第6章 CO_2 氧化丁烯脱氢制丁二烯新工艺的改进

表6-2 FeVCrO$_x$/γ-Al$_2$O$_3$ 催化剂的热重分析结果

Sample	Weight loss rate(%)
FeVCrO$_x$/γ-Al$_2$O$_3$－无水	13.78
FeVCrO$_x$/γ-Al$_2$O$_3$－0.001	12.98
FeVCrO$_x$/γ-Al$_2$O$_3$－0.002	12.81
FeVCrO$_x$/γ-Al$_2$O$_3$－0.003	12.70
FeVCrO$_x$/γ-Al$_2$O$_3$－0.004	12.41
FeVCrO$_x$/γ-Al$_2$O$_3$－0.005	12.47
FeVCrO$_x$/γ-Al$_2$O$_3$－0.003－5 h	16.04
FeVCrO$_x$/γ-Al$_2$O$_3$－无水－5 h	20.93

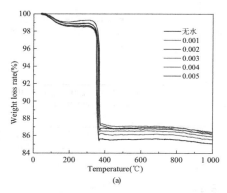
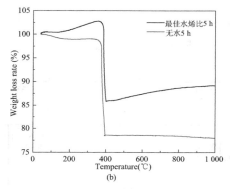

图6-4 FeVCrO$_x$/γ-Al$_2$O$_3$ 催化剂在不同水蒸气进料量下的热重图谱
（a）反应时间1 h （b）反应时间5 h

如图6-5(a)所示,随着水蒸气量的增加,在实验选取的10 min和40 min处,丁二烯的收率下降变缓；从图6-5(b)可以看出,加入水蒸气后,直线的斜率变大,线条变得平稳,说明水蒸气的加入提高了催化剂的稳定性,使丁二烯的收率可以较长时间维持在一定水平。同时,随着水蒸气量的增加,斜率整体呈现上升趋势,表明水蒸气的不断加入有利于催化剂稳定性的提高。

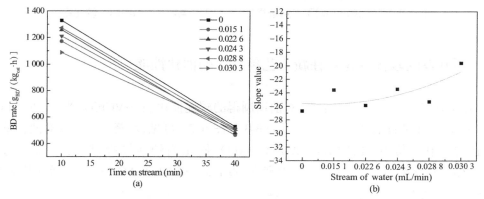

图6-5 FeVCrO$_x$/γ-Al$_2$O$_3$ 催化剂在不同水蒸气进料量下的稳定性
（a）丁二烯的收率 （b）丁二烯收率图中各线的斜率

为了进一步说明引入水蒸气对 FeVCrO$_x$/γ-Al$_2$O$_3$ 催化剂选择性的提升作用,对无水和最佳水烯比反应条件下的催化剂进行了 5 h 长周期的反应评价,其活性数据如图 6-6 所示。

随着反应时间的延长,大约在 2 h 之后,在水蒸气作用下丁二烯选择性上升到 47% 左右且较稳定;大约在 3 h 之后,丁烯的转化率和丁二烯的收率的下降趋势减缓,这进一步验证了水蒸气的加入对于该体系催化剂的稳定性和产物的选择性具有一定的提升作用。

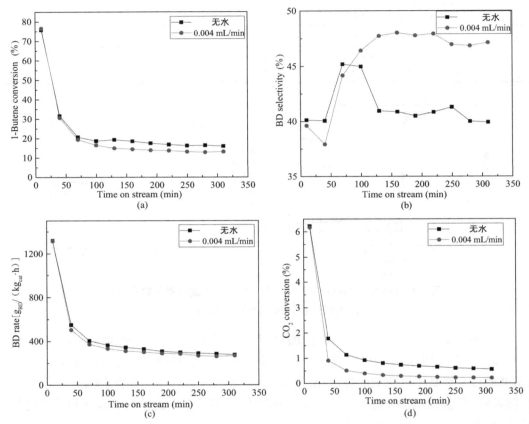

图 6-6 FeVCrO$_x$/γ-Al$_2$O$_3$ 催化剂 5 h 长周期下的催化性能
(a)丁烯转化率 (b)丁二烯选择性 (c)丁二烯收率 (d)CO$_2$ 转化率

6.4.5 所开发的较优催化剂在新工艺条件下的催化性能

采用上述获得的最佳工艺条件,对前期制得的较优催化剂 FeVCrO$_x$/10%ZnCl$_2$/Al$_2$O$_3$ 和 FeVCrO$_x$/AC-5M 进行活性评价,结果见表 6-3 和图 6-7。可见,水蒸气的引入对两种催化剂的性能均有利。其中,FeVCrO$_x$/10%ZnCl$_2$/Al$_2$O$_3$ 催化剂的活性提高至:丁烯转化率为 83.1%,CO$_2$ 转化率为 7.3%,丁二烯选择性为 59.1%。FeVCrO$_x$/AC-5M 的初活性基本不变,但稳定性有所提高。

第6章 CO_2 氧化丁烯脱氢制丁二烯新工艺的改进

表6-3 最佳工艺条件下 $FeVCrO_x/10\%ZnCl_2/Al_2O_3$ 催化剂的催化性能

水蒸气引入情况	反应气体总流量（mL/min）	丁烯空速 $[g/(g_{cat}\cdot h)]$	丁烯-CO_2 摩尔比	收率 $[g_{BD}/(kg_{cat}\cdot h)]$	丁二烯选择性（%）	丁烯转化率（%）	CO_2 转化率（%）
无	88.2	4.6	1:20	2 070.6	58.0	80.5	6.5
水烯比10:1	88.2	4.6	1:20	2 089.5	59.1	83.1	7.3

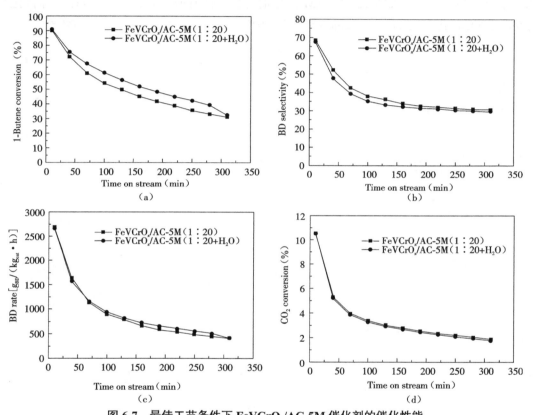

图6-7 最佳工艺条件下 $FeVCrO_x/AC-5M$ 催化剂的催化性能
(a)丁烯转化率 (b)丁二烯选择性 (c)丁二烯收率 (d)CO_2 转化率

6.5 本章小结

（1）通过对 CO_2 氧化丁烯脱氢制备丁二烯的反应体系进行热力学计算，发现向反应体系中引入水蒸气后丁烯的平衡转化率和丁二烯的收率会有所下降，但是适量水蒸气的引入可以提高催化剂的选择性，这从理论上证明了引入水蒸气可提高选择性的正确性。

（2）采用固定床反应器对 $FeVCrO_x/\gamma-Al_2O_3$ 催化剂进行评价，通过高压恒流泵引入水蒸气。通过调变引入水蒸气量与丁烯进料量的比例，获得最佳的水烯比，考察不同反应温度及空速等条件对新工艺条件下催化剂性能的影响，最终得到引入水蒸气时最优的工艺条件，即水烯比为10∶1,反应温度为600 ℃,反应空速(质量空速)为9 $g_{BD}/(g_{cat}\cdot h)$。在新工艺的最优反应条件下,催化剂的选择性及稳定性都有所提高,这对该工艺早日实现工业化具有促进作用。

(3)通过引入水蒸气及工艺条件的优化,本项目研究制得的两种最优催化剂$FeVCrO_x/10\%ZnCl_2/Al_2O_3$和$FeVCrO_x/AC$-5M的活性及稳定性都有了明显提高。其中,$FeVCrO_x/10\%ZnCl_2/Al_2O_3$催化剂的活性提高至丁烯转化率为83.1%,$CO_2$转化率为7.3%,丁二烯选择性为59.1%。$FeVCrO_x/AC$-5M催化剂的稳定性有所提高,活性保持在丁烯转化率为90%,CO_2转化率为11%,丁二烯选择性为69%。

第 7 章 结论与展望

7.1 主要结论

本书围绕 CO_2 氧化丁烯脱氢制丁二烯新工艺及其催化剂技术展开研究,重点介绍了 CO_2 氧化丁烯脱氢制丁二烯新工艺的热力学、高效催化剂开发、催化反应机理和催化新材料设计、工艺改进等方面的研究工作,得到以下主要结论。

(1)通过热力学研究分析了 CO_2 氧化丁烯脱氢制丁二烯的反应限度。计算结果表明,目标反应在常温下不能发生,而在实验室最佳反应温度(873.15 K)下可以可逆进行;CO_2 的引入促进了丁烯脱氢反应的进行;反应可以通过氧化脱氢反应的一步路径或直接脱氢与逆水煤气变换耦合的两步路径进行。此外,研究发现,在热力学上异构化反应比氧化脱氢反应更容易发生,在无催化剂的自由竞争反应条件下,丁烯转化率可达 93.68%,而丁二烯的收率仅能够达到 54.64%,说明异构化反应的发生是导致目标反应选择性低的原因。因此,从抑制异构化反应的角度进行催化剂的设计与开发,将有效提高该体系催化剂的催化性能,从而促进该工艺的发展。

(2)通过对 CO_2 氧化丁烯脱氢制丁二烯新工艺进行高效催化剂的开发,获得了两种具有应用前景的高效催化剂,分别为 $FeVCrO_x/10\%ZnCl_2/Al_2O_3$(丁烯转化率约为 81%,丁二烯选择性为 47%)和 Fe_7C_3@FeO/AC(丁烯转化率为 79%,丁二烯选择性为 54%)。明确了以 Al_2O_3 为载体的 Fe 基催化剂中晶格氧流动性、酸碱位强度与数量以及酸性位类型对 CO_2 活化、积炭行为、催化剂活性与选择性的影响规律。结果表明,提高催化剂的碱性可有效提高催化剂的抗积炭能力和 CO_2 活化能力,但强碱位不利于丁二烯的生成;催化剂的晶格氧流动性对 CO_2 的活化起到了关键作用,并与催化活性线性正相关,即催化剂的活性随催化剂的晶格氧流动性的增强而提高;丁二烯的选择性与催化剂的 L 酸和 B 酸比值正相关,载体中的 L 酸在催化反应中起到了吸附并活化丁烯的作用,而 B 酸则起到了催化异构化反应发生,致使选择性降低的不良作用。

(3)通过实验设计与动力学研究,探讨了 CO_2 氧化丁烯脱氢制丁二烯的反应机制,发现该反应符合零级反应动力学,丁烯在催化剂表面为强吸附,增大催化剂的比表面积有利于催化剂性能的提高。本研究还揭示了 Al_2O_3 负载 Fe 基催化剂表面催化 CO_2 氧化丁烯脱氢制丁二烯的反应机理:首先,丁烯在 γ-Al_2O_3 表面的 L 酸位上吸附并活化,丁烯的 α-H 被 γ-Al_2O_3 表面的碱性位抽取形成碳负离子;随后,另一分子氢被晶格氧抽取,与此同时,生成了目标产物丁二烯和水,晶格氧也被还原为氧空穴;之后,CO_2 吸附在催化剂的氧空穴上并将其重新氧化为晶格氧,自身则转化为 CO。催化反应在此循环下进行。γ-Al_2O_3 载体表面的 L 酸在吸附和活化丁烯时起到重要作用,是决定该体系催化剂催化 CO_2 氧化丁烯脱氢制丁二烯反应性能的关键因素之一。

（4）通过对新型催化材料在 CO_2 氧化丁烯脱氢制丁二烯新工艺中的应用探索，重点设计开发出两类高效的催化新材料，分别为规整有序介孔 Al_2O_3 材料和掺氮碳笼锚定纳米铁材料（Fe-NC）。其中，Fe 掺杂规整介孔 Al_2O_3 材料（meso-FeAl）通过将 Fe 高度分散并锚定在 Al_2O_3 骨架中，有效提高了催化剂的活性和稳定性。通过催化剂构效关系研究可知，除催化剂积炭以外，反应过程中 Fe_2O_3 的团聚也是该体系催化剂失活的重要原因之一，而可以将活性组分固定下来的有序结构有利于催化剂稳定性的提高。另外，Fe-NC 催化剂应用于 CO_2 氧化丁烯脱氢制丁二烯反应时具有优异的催化活性及超长稳定性；结合活性炭、石墨烯、碳纳米管等炭材料在本体系的应用情况可知，炭材料在 CO_2 氧化丁烯脱氢制丁二烯新工艺中具有独特的优势，值得后续进行更加深入的研究。

（5）通过引入水蒸气的方法对现有 CO_2 氧化丁烯脱氢制丁二烯新工艺进行了改进。热力学研究及实验结果表明，适量水蒸气的引入可有效提高催化剂的选择性及稳定性。以 $FeVCrO_x/\gamma\text{-}Al_2O_3$ 为例，优化了引入水蒸气的工艺条件，即水烯比为 10∶1，反应温度为 600 ℃，反应空速（质量空速）为 9 $g_{BD}/(g_{cat} \cdot h)$。该工艺条件对其他催化剂（$FeVCrO_x/10\%ZnCl_2/Al_2O_3$ 和 $FeVCrO_x/AC\text{-}5M$）普遍适用。工艺的改进对 CO_2 氧化丁烯脱氢制丁二烯新工艺工业化的早日实现具有重要的促进作用。

7.2 研究工作展望

基于本书的研究工作以及国内外对 CO_2 氧化丁烯脱氢制丁二烯新工艺及其催化剂技术的研究进展，本书做出如下展望。

（1）虽然本书研究并开发了一些高效的催化剂，但这与现有的以 O_2 为氧化剂的丁烯氧化脱氢制丁二烯生产工艺的研究水平相比，仍然存在差距。显然，催化剂的活性、选择性及寿命是限制新工艺发展的主要问题。因此，需要进一步提高现有催化剂的活性、选择性及寿命，以满足工艺生产的要求，为早日实现 CO_2 氧化丁烯脱氢制丁二烯新工艺的工业化打下基础。

（2）本书所开展的有关机理方面的研究工作较为粗浅，需要利用较为精细的研究手段（原位技术、计算机模拟等）对 CO_2 氧化丁烯脱氢制丁二烯反应进行更加深入的剖析，以阐明该反应的催化机理，为后续高效催化剂的开发提供理论基础。

（3）继续进行催化新材料的探索，以助力高效催化剂的开发。在新材料的研究方面，建议对在 CO_2 氧化丁烯脱氢制丁二烯新工艺中具有独特优势的炭材料进行更加深入的研究。

（4）将该新工艺的反应物丁烯拓展到全部 C4 馏分，这对石油化工领域来说意义更加重大。

参考文献

[1] JUNG J C, KIM H, CHOI A S, et al. Preparation, characterization, and catalytic activity of bismuth molybdate catalysts for the oxidative dehydrogenation of *n*-butene into 1,3-butadiene[J]. J Mol Catal A-Chem, 2006, 259(1-2):166-170.

[2] JUNG J C, LEE H, PARK D R, et al. Effect of calcination temperature on the catalytic performance of γ-Bi_2MoO_6 in the oxidative dehydrogenation of *n*-butene to 1,3-butadiene[J]. Catal Lett, 2009, 131(3-4):401-405.

[3] JUNG J C, KIM H, CHUNG Y M, et al. Unusual catalytic behavior of β-$Bi_2Mo_2O_9$ in the oxidative dehydrogenation of *n*-butene to 1,3-butadiene[J]. J Mol Catal A-Chem, 2007, 264(1-2):237-240.

[4] JUNG J C, LEE H, KIM H, et al. A synergistic effect of α-$Bi_2Mo_3O_{12}$ and γ-Bi_2MoO_6 catalysts in the oxidative dehydrogenation of C-4 raffinate-3 to 1,3-butadiene[J]. J Mol Catal A-Chem, 2007, 271(1-2):261-265.

[5] JUNG J C, LEE H, KIM H, et al. Effect of oxygen capacity and oxygen mobility of pure bismuth molybdate and multicomponent bismuth molybdate on their catalytic performance in the oxidative dehydrogenation of *n*-butene to 1,3-butadiene[J]. Catal Lett, 2008, 124(3-4): 262-267.

[6] JUNG J C, LEE H, KIM H, et al. Reactivity of *n*-butene isomers over a multicomponent bismuth molybdate ($Co_9Fe_3Bi_1Mo_{12}O_{51}$) catalyst in the oxidative dehydrogenation of *n*-butene[J]. Catal Commun, 2008, 9(7):1676-1680.

[7] JUNG J C, LEE H, KIM H, et al. Effect of calcination temperature on the catalytic performance of $Co_9Fe_3Bi_1Mo_{12}O_{51}$ in the oxidative dehydrogenation of *n*-butene to 1,3-butadiene[J]. Catal Commun, 2008, 9(10):2059-2062.

[8] JUNG J, LEE H, SONG I K. Effect of preparation method of $Co_9Fe_3Bi_1Mo_{12}O_{51}$ on the catalytic performance in the oxidative dehydrogenation of *n*-butene to 1,3-butadiene-comparison between co-precipitation method and citric acid-derived sol-gel method[J]. Catal Lett, 2009, 128(1-2):243-247.

[9] JUNG J C, LEE H, SEO J G, et al. Oxidative dehydrogenation of *n*-butene to 1,3-butadiene over multicomponent bismuth molybdate ($M^{II}_9Fe_3Bi_1Mo_{12}O_{51}$) catalysts: effect of divalent metal (M^{II})[J]. Catal Today, 2009, 141(3-4):325-329.

[10] JUNG J C, LEE H, SONG I K. Catalytic performance of $Co_9Fe_3Bi_1Mo_{12}O_{51}$ catalysts in the oxidative dehydrogenation of *n*-butene to 1,3-butadiene: effect of pH in the preparation of $Co_9Fe_3Bi_1Mo_{12}O_{51}$ catalysts by a co-precipitation method[J]. Catal Lett, 2009, 129(1-2):228-232.

[11] PARK J H, NOH H, PARK J W, et al. Oxidative dehydrogenation of *n*-butenes to 1,3-butadiene over BiMoFe$_{0.65}$P$_x$ catalysts: effect of phosphorous contents [J]. Res Chem Intermediat, 2011, 37(9):1125-1134.

[12] PARK J H, NOH H, PARK J W, et al. Effects of iron content on bismuth molybdate for the oxidative dehydrogenation of *n*-butenes to 1,3-butadiene [J]. Appl Catal A-Gen, 2012, 431:137-143.

[13] PARK J H, ROW K, SHIN C H. Oxidative dehydrogenation of 1-butene to 1,3-butadiene over BiFe$_{0.65}$Ni$_x$Mo oxide catalysts: effect of nickel content [J]. Catal Commun, 2013, 31:76-80.

[14] PARK J H, SHIN C H. Influence of the catalyst composition in the oxidative dehydrogenation of 1-butene over BiV$_x$Mo$_{1-x}$ oxide catalysts [J]. Appl Catal A-Gen, 2015, 495:1-7.

[15] PARK J H, SHIN C H. Oxidative dehydrogenation of butenes to butadiene over Bi-Fe-Me (Me = Ni, Co, Zn, Mn and Cu)-Mo oxide catalysts [J]. J Ind Eng Chem, 2015, 21:683-688.

[16] WAN C, CHENG D G, CHEN F Q, et al. Characterization and kinetic study of BiMoLa$_x$ oxide catalysts for oxidative dehydrogenation of 1-butene to 1,3-butadiene [J]. Chem Eng Sci, 2015, 135:553-558.

[17] WAN C, CHENG D G, CHEN F Q, et al. Oxidative dehydrogenation of 1-butene over vanadium modified bismuth molybdate catalyst: an insight into mechanism [J]. Rsc Advances, 2015, 5(53):42609-42615.

[18] WAN C, CHENG D G, CHEN F Q, et al. Effects of zirconium content on the catalytic performance of BiMoZr$_x$ in the oxidative dehydrogenation of 1-butene to 1,3-butadiene [J]. J Chem Technol Biot, 2016, 91(2):353-358.

[19] GOLUNSKI S E, WALKER A P. Mechanism of low-temperature oxydehydrogenation of 1-butene to 1,3-butadiene over a novel Pd-Fe-O catalyst [J]. J Catal, 2001, 204(1):209-218.

[20] LEE H, JUNG J C, KIM H, et al. Effect of divalent metal component (Me^{II}) on the catalytic performance of Me^{II}Fe$_2$O$_4$ catalysts in the oxidative dehydrogenation of *n*-butene to 1,3-butadiene [J]. Catal Lett, 2008, 124(3-4):364-368.

[21] LEE H, JUNG J C, KIM H, et al. Preparation of ZnFe$_2$O$_4$ catalysts by a co-precipitation method using aqueous buffer solution and their catalytic activity for oxidative dehydrogenation of *n*-butene to 1,3-butadiene [J]. Catal Lett, 2008, 122(3):281-286.

[22] LEE H, JUNG J C, KIM H, et al. Effect of pH in the preparation of ZnFe$_2$O$_4$ for oxidative dehydrogenation of *n*-butene to 1,3-butadiene: correlation between catalytic performance and surface acidity of ZnFe$_2$O$_4$ [J]. Catal Commun, 2008, 9(6):1137-1142.

[23] LEE H, JUNG J C, KIM H, et al. Oxidative dehydrogenation of *n*-butene to 1,3-butadiene over (ZnMeFe^{III}O$_4$) catalysts: effect of trivalent metal (Me^{III}) [J]. Catal Lett, 2009,

131(3):344-349.

[24] LEE H, JUNG J C, KIM H, et al. Effect of $Cs_xH_{3-x}PW_{12}O_{40}$ addition on the catalytic performance of $ZnFe_2O_4$ in the oxidative dehydrogenation of *n*-butene to 1,3-butadiene[J]. Korean J Chem Eng, 2009, 26(4):994-998.

[25] LEE H, JUNG J C, SONG I K. Oxidative dehydrogenation of *n*-butene to 1,3-butadiene over sulfated $ZnFe_2O_4$ catalyst[J]. Catal Lett, 2009, 133(3-4):321-327.

[26] WANG D, XU M, SHI C, et al. Effect of carbon dioxide on the selectivities obtained during the partial oxidation of methane and ethane over Li^+/MgO catalysts[J]. Catal Lett, 1993, 18(4):323-328.

[27] CHEN M A, XU J, CAO Y, et al. Dehydrogenation of propane over In_2O_3-Al_2O_3 mixed oxide in the presence of carbon dioxide[J]. J Catal, 2010, 272(1):101-108.

[28] ZHANG F, WU R X, YUE Y H, et al. Chromium oxide supported on ZSM-5 as a novel efficient catalyst for dehydrogenation of propane with CO_2[J]. Micropor Mesopor Mat, 2011, 145(1-3):194-199.

[29] YUN D, BAEK J, CHOI Y, et al. Promotional effect of Ni on a CrO_x catalyst supported on silica in the oxidative dehydrogenation of propane with CO_2[J]. ChemCatChem, 2012, 4(12):1952-1959.

[30] BI Y L, ZHEN K J, VALENZUELA R X, et al. Oxidative dehydrogenation of isobutane over LaBaSm oxide catalyst: influence of the addition of CO_2 in the feed[J]. Catal Today, 2000, 61(1-4):369-375.

[31] GE S H, LIU C H, ZHANG S C, et al. Effect of carbon dioxide on the reaction performance of oxidative dehydrogenation of *n*-butane over V-Mg-O catalyst[J]. Chem Eng J, 2003, 94(2):121-126.

[32] SHIMADA H, AKAZAWA T, IKENAGA N, et al. Dehydrogenation of isobutane to isobutene with iron-loaded activated carbon catalyst[J]. Appl Catal A-Gen, 1998, 168(2):243-250.

[33] NAKAGAWA K, KAJITA C, IKENAGA N, et al. Dehydrogenation of light alkanes over oxidized diamond-supported catalysts in the presence of carbon dioxide[J]. Catal Today, 2003, 84(3-4):149-157.

[34] OGONOWSKI J, SKRZYŃSKA E. Activity of vanadium magnesium oxide supported catalysts in the dehydrogenation of isobutane[J]. Catal Lett, 2006, 111(1):79-85.

[35] TAKITA Y, QING X, TAKAMI A, et al. Oxidative dehydrogenation of isobutane to isobutene III reaction mechanism over $CePO_4$ catalyst[J]. Appl Catal A-Gen, 2005, 296(1):63-69.

[36] WANG M G, ZHONG S H. Pd/V_2O_5-SiO_2 catalyst for oxidative dehydrogenation of isobutane with CO_2 to isobutene[J]. Chinese J Catal, 2007, 28(2):124-130.

[37] BOTAVINA M A, MARTRA G, AGAFONV Y A, et al. Oxidative dehydrogenation of

C3-C4 paraffins in the presence of CO_2 over CrO_x/SiO_2 catalysts[J]. Appl Catal A-Gen, 2008, 347(2):126-132.

[38] SUN G S, HUANG Q Z, LI H Q, et al. Different supports-supported Cr-based catalysts for oxidative dehydrogenation of isobutane with CO_2[J]. Chinese J Catal, 2011, 32(8): 1424-1429.

[39] YUAN R X, LI Y, YAN H B, et al. Insights into the vanadia catalyzed oxidative dehydrogenation of isobutane with CO_2[J]. Chinese J Catal, 2014, 35(8):1329-1336.

[40] DING J F, CHEN S W, LI X K, et al. Coupling dehydrogenation of isobutane to isobutene in the presence of carbon dioxide over NiO/Al_2O_3 catalyst[J]. J Fuel Chem Technol, 2010, 38:(4):458-461.

[41] RAJU G, REDDY B M, ABHISHEK B, et al. Synthesis of C4 olefins from *n*-butane over a novel VO_x/SnO_2-ZrO_2 catalyst using CO_2 as soft oxidant[J]. Appl Catal A-Gen, 2012, 423-424(7):168-175.

[42] RAJU G, REDDY B M, PARK S E. Utilization of carbon dioxide in oxidative dehydrogenation reactions[J]. Indian J Chem, 51A(9):1315-1324.

[43] AJAYI B P, JERMY B R, ABUSSAUD B A, et al. Oxidative dehydrogenation of *n*-butane over bimetallic mesoporous and microporous zeolites with CO_2 as mild oxidant[J]. J Porous Mat, 2013, 20:1257-1270.

[44] AJAYI B P, JERMY B R. *n*-butane dehydrogenation over mono and bimetallic MCM-41 catalysts under oxygen free atmosphere[J]. Catal Today, 2013, 204(8):189-196.

[45] YAN W J, KOUK Q Y, LUO J Z, et al. Catalytic oxidative dehydrogenation of 1-butene to 1,3-butadiene using CO_2[J]. Catal Commun, 2014, 46:208-212.

[46] YAN W J, LUO J Z, KOUK Q Y, et al. Improving oxidative dehydrogenation of 1-butene to 1,3-butadiene on Al_2O_3 by Fe_2O_3 using CO_2 as soft oxidant[J]. Appl Catal A-Gen, 2015, 508:61-67.

[47] YAN W, KOUK Q Y, TAN S X. Effects of Pt^0-PtO_x particle size on 1-butene oxidative dehydrogenation to 1,3-butadiene using CO_2 as soft oxidant[J]. J CO_2 Util, 2016, 15:154-159.

[48] YAN B, WANG L Y, WANG B L, et al. Constructing a high-efficiency iron-based catalyst for carbon dioxide oxidative dehydrogenation of 1-butene: the role of oxygen mobility and proposed reaction mechanism[J]. Appl Catal A-Gen, 2019, 572:71-79.

[49] YAN W J, XI S B, DU Y H, et al. Heteroatomic Zn-MWW zeolite developed for catalytic dehydrogenation reactions: a combined experimental and DFT study[J]. ChemCatChem, 2018, 10:3078-3085.

[50] GAO Y, WANG B L, YAN B, et al. Catalytic oxidative dehydrogenation of 1-butene to 1,3-butadiene with CO_2 over Fe_2O_3/γ-Al_2O_3 catalysts: the effect of acid or alkali modification[J]. React Kinet Mech Catal, 2017, 122:451-462.

[51] YAN B, GAO Y, WANG B L, et al. Enhanced carbon dioxide oxidative dehydrogenation of 1-butene by iron-doped ordered mesoporous alumina[J]. ChemCatChem, 2017, 9(24):4480-4483.

[52] GAO B, LUO Y, MIAO C, et al. Oxidative dehydrogenation of 1-butene to 1,3-butadiene using CO_2 over Cr-SiO_2 catalysts prepared by sol-gel method[J]. Chem Res Chinese U, 2018, 34(1):609-615.

[53] 胡英. 物理化学(上册)[M]. 6版. 北京:高等教育出版社, 2014.

[54] YAN B, WANG B L, WANG L Y, et al. Ce-doped mesoporous alumina supported Fe-based catalyst with high activity for oxidative dehydrogenation of 1-butene using CO_2 as soft oxidant[J]. J Porous Mat, 2019, 26(22):1269-1277.

[55] 刘海龙. 丁烯异构化催化剂研究[D]. 上海:上海师范大学, 2016.

[56] CHEN M, WU J L, LIU Y M, et al. Study in support effect of In_2O_3/MO_x (M = Al, Si, Zr) catalysts for dehydrogenation of propane in the presence of CO_2[J]. Appl Catal A-Gen, 2011, 407(1-2):20-28.

[57] GE X, ZOU H, WANG J, et al. Modification of Cr/SiO_2 for the dehydrogenation of propane to propylene in carbon dioxide[J], React Kinet Catal L, 2005, 85(2):253-260.

[58] ANSARI M B, PARK S E. Carbon dioxide utilization as a soft oxidant and promoter in catalysis[J]. Energ Environ Sci, 2012, 5(11):9419-9437.

[59] ZHU X, LI K Z, WEI Y G, et al. Chemical-looping steam methane reforming over a CeO_2-Fe_2O_3 oxygen carrier: evolution of its structure and reducibility[J]. Energ Fuel, 2014, 28(2):754-760.

[60] LI K Z, WANG H, WEI Y G, et al. Partial oxidation of methane to syngas with air by lattice oxygen transfer over ZrO_2-modified Ce-Fe mixed oxides[J]. Chem Eng J, 2011, 173(9):574-582.

[61] MERIAUDEAU P, TUAN V A, HUNG L N, et al. Characterization of isomorphously substituted ZSM-23 and catalytic properties in *n*-butene isomerization[J]. J Chem Soc Faraday Trans, 1998, 94(3):467-471.

[62] RAMANI N C, SULLIVAN D L, EKERDT J G. Isomerization of 1-butene over silica-supported Mo(Ⅵ), W(Ⅵ), and Cr(Ⅵ)[J]. J Catal, 1998, 173(1):105-114.

[63] YAN B, WANG L Y, CHEN Q X, et al. Highly selective conversion of 1-butene to 1,3-butadiene under CO_2 atmosphere over an alumina-supported iron-based catalyst: the role of Brønsted acids and Lewis acids[J]. ChemistrySelect, 2020, 5(36):11237-11241.

[64] YAN B, WANG L Y, WANG B L, et al. Carbon material supported Fe_7C_3@FeO nanoparticles: high efficient catalyst for carbon dioxide reduction with 1-butene[J]. React Chem Eng, 2020, 5(11):2101-2108.

[65] CHANG Q, ZHANG C H, LIU C W, et al. Relationship between iron carbide phases (ε-Fe_2C, Fe_7C_3, and χ-Fe_5C_2) and catalytic performances of Fe/SiO_2 Fischer-Tropsch cat-

alysts[J]. Acs Catalysis, 2018, 8(4):3304-3316.

[66] KANTOR I Y, MCCAMMON C A, DUBROVINSKY L S. Mossbauer spectroscopic study of pressure-induced magnetisation in wustite(FeO)[J]. J Alloy Compd, 2004, 376(1-2):5-8.

[67] HE J, ZHAO Y J, WANG Y, et al. A Fe_5C_2 nanocatalyst for the preferential synthesis of ethanol via dimethyl oxalate hydrogenation[J]. Chem Commun, 53(39):5376-5379.

[68] SONG S Q, RAO R C, YANG H X, et al. Cu_2O/MWCNTs prepared by spontaneous redox: growth mechanism and superior catalytic activity [J]. J Phys Chem C, 2010, 114(33):13998-14003.

[69] LIN C R, SU C H, CHANG C Y, et al. Synthesis of nanosized flake carbons by RF-chemical vapor method[J]. Surf Coat Technol, 2006, 200(10):3190-3193.

[70] PLOMP A J, SU D S, JONG K P D, et al. On the nature of oxygen-containing surface groups on carbon nanofibers and their role for platinum deposition: an XPS and titration study[J]. J Phys Chem C, 2009, 113:(22):9865-9869.

[71] SÁNCHEZ-SÁNCHEZ A, SUÁREZ-GARCÍA F, MARTÍNEZ-ALONSO A, et al. Surface modification of nanocast ordered mesoporous carbons through a wet oxidation method [J]. Carbon, 2013, 62:193-203.

[72] CHEN X P, WANG H T, YANG Y P, et al. The surface modification of coal-based carbon membranes by different acids [J]. Desalin Water Treat, 2013, 51(28-30):5855-5862.

[73] WU X H, HONG X T, LUO Z P, et al. The effects of surface modification on the supercapacitive behaviors of novel mesoporous carbon derived from rod-like hydroxyapatite template[J]. Electrochim Acta, 2013, 89:400-406.

[74] ZHANG L, WU Z L, NELSON N C, et al. Role of CO_2 as a soft oxidant for dehydrogenation of ethylbenzene to styrene over a high-surface-area ceria catalyst [J]. Acs Catal, 2015, 5(11):6426-6435.

[75] MUKHERJEE D, PARK S E, REDDY B M. CO_2 as a soft oxidant for oxidative dehydrogenation reaction: an eco benign process for industry[J]. J CO_2 Util, 2016, 16:301-312.

[76] XU W, CAO B, LIN H C, et al. H_2O_2 decomposition catalyzed by strontium cobaltites and their application in Rhodamine B degradation in aqueous medium [J]. J Mater Sci, 2019, 54(11):8216-8225.

[77] BETT J A S, HALL W K. The microcatalytic technique applied to a zero order reaction: the dehydration of 2-butanol over hydroxyapatite catalysts [J]. J Catal, 1968, 10(2):105-113.

[78] BAGSHAW S A, PROUZET E, PINNAVAIA T J. Templating of mesoporous molecular sieves by nonionic polyethylene oxide surfactants[J]. Science, 1995, 269(5228):1242-1244.

[79] YUAN Q, YIN A X, LUO C, et al. Facile synthesis for ordered mesoporous γ-aluminas with high thermal stability[J]. J Am Chem Soc, 2008, 130(11):3465-3472.

[80] HAM H, KIM J, CHO S J, et al. Enhanced stability of spatially confined copper nanoparticles in an ordered mesoporous alumina for dimethyl ether synthesis from syngas[J]. Acs Catal, 2016, 6(9):5629-5640.

[81] MORRIS S M, FULVIO P F, JARONIEC M. Ordered mesoporous alumina-supported metal oxides[J]. J Am Chem Soc, 2008, 130(45):15210-15216.

[82] JABBOUR K, MASSIANI P, DAVIDSON A, et al. Ordered mesoporous "one-pot" synthesized Ni-Mg(Ca)-Al_2O_3 as effective and remarkably stable catalysts for combined steam and dry reforming of methane (CSDRM)[J]. Appl Catal B-Environ, 2017, 201: 527-542.

[83] WANG X J, ZHANG H G, LIN H H, et al. Directly converting Fe-doped metal-organic frameworks into highly active and stable Fe-N-C catalysts for oxygen reduction in acid [J]. Nano Energy, 2016, 25:110-119.

[84] YE W, CHEN S M, LIN Y, et al. Precisely tuning the number of Fe atoms in clusters on N-doped carbon toward acidic oxygen reduction reaction[J]. Chem, 2019, 5(11):2865-2878.

[85] LIU B H, ZHAO H H, YANG J, et al. Fe-containing N-doped porous carbon for isobutane dehydrogenation[J]. Micropor Mesopor Mat, 2020, 293:109820.

[86] WU Q, YANG L J, WANG X Z, et al. Carbon-based nanocages: a new platform for advanced energy storage and conversion[J]. Adv Mater, 2020, 32(27):1904177.

[87] CHEN Y J, JI S F, WANG Y G, et al. Isolated single iron atoms anchored on N-doped porous carbon as an efficient electrocatalyst for the oxygen reduction reaction[J]. Angew Chem Int Ed, 2017, 56(24):6937-6941.

[88] LI Z, CHEN Y J, JI S F, et al. Iridium single-atom catalyst on nitrogen-doped carbon for formic acid oxidation synthesized using a general host-guest strategy[J]. Nat Chem, 2020, 12(8):764-772.

[89] ZHAO C M, DAI X Y, YAO T, et al. Ionic exchange of metal-organic frameworks to access single nickel sites for efficient electroreduction of CO_2[J]. J Am Chem Soc, 2017, 139(24):8078-8081.

[90] XIONG Y, DONG J C, HUANG Z Q, et al. Single-atom Rh/N-doped carbon electrocatalyst for formic acid oxidation[J]. Nat Nanotechnol, 2020, 15(5):390-397.